FRENCH FOR TECHNOLOGY PROFESSIONALS

A guide to IT, software and hardware
terminology for those learning French

Simone Martin

CONTENTS

CLOUD COMPUTING & VIRTUALIZATION

Vocabulary

Cloud Computing - in-for-ma-teek on nü-ahj - Cloud Computing

Virtualisation - veer-tü-ah-lee-za-syon - Virtualization

Serveur - ser-ver - Server

Réseau - ray-zo - Network

Stockage - sto-kahj - Storage

Centre de données - son-truh duh doh-nay - Data Center

Hyperviseur - ee-per-vee-zer - Hypervisor

Machine virtuelle - ma-sheen veer-tü-el - Virtual Machine (VM)

Conteneur - kon-tuh-ner - Container

Évolutivité - ay-vo-lü-tee-vay - Scalability

Élasticité - ay-las-tee-see-tay - Elasticity

Équilibrage de charge - ay-kee-lee-brahj duh sharj - Load Balancing

Déploiement - day-plwa-mon - Deployment

Provisionnement - pro-vee-zee-on-mon - Provisioning

Plateforme en tant que service - plat-form on ton kuh ser-vees - Platform as a Service (PaaS)

Logiciel en tant que service - lo-zhee-syel on ton kuh ser-vees - Software as a Service (SaaS)

Infrastructure en tant que service - an-fra-strook-tur on ton kuh ser-vees - Infrastructure as a Service (IaaS)

Cloud public - klood pü-bleek - Public Cloud

Cloud privé - klood pree-vay - Private Cloud

Cloud hybride - klood ee-breed - Hybrid Cloud

Example Sentences

Nous migrons vers le cloud public.
noo mee-gron vair luh klood pü-bleek
We are migrating to the public cloud.

La virtualisation réduit les coûts matériels.
la veer-tü-ah-lee-za-syon ray-dü-ee lay koo ma-tay-ryel
Virtualization reduces hardware costs.

Le déploiement des conteneurs est rapide.
luh day-plwa-mon day kon-tuh-ner ay ra-peed
Container deployment is fast.

L'équilibrage de charge optimise les performances.
lay-kee-lee-brahj duh sharj op-tee-meez lay per-for-mons
Load balancing optimizes performance.

Conversations
A: Utilisons-nous le cloud hybride?
ü-tee-lee-zon noo luh klood ee-breed
Are we using the hybrid cloud?

B: Oui, pour la redondance des données.
wee poor la ray-don-dons day doh-nay
Yes, for data redundancy.

C: Cela améliore la disponibilité.
suh-la a-may-lyor la dees-po-nee-bee-lee-tay
That improves availability.

A: Le centre de données est-il sécurisé?
luh son-truh duh doh-nay ay-teel say-kü-ree-zay
Is the data center secure?

B: Absolument, avec un pare-feu robuste.
ab-so-lü-mon a-vek un par-fü ro-büst
Absolutely, with a robust firewall.

C: Et des sauvegardes quotidiennes.
ay day so-veh-gard ko-tee-dyen
And daily backups.

A: Combien de machines virtuelles?
comb-yan duh ma-sheen veer-tü-el
How many virtual machines?

B: Vingt, grâce à l'évolutivité.
van grass a lay-vo-lü-tee-vay
Twenty, thanks to scalability.

C: Parfait pour la charge de travail.
par-fay poor la sharj duh tra-vy
Perfect for the workload.

NETWORKING & INFRASTRUCTURE (TCP/IP, DNS, LOAD BALANCING)

Vocabulary

Adresse IP - a-dres ee-pee - IP address

Bande passante - band pa-sant - Bandwidth

Chiffrement - shee-fre-mon - Encryption

Commutation - ko-my-ta-syon - Switching

DNS - dee-en-es - DNS (Domain Name System)

Équilibrage de charge - ay-kee-lee-brazh de sharzh - Load balancing

Faisceau - fez-o - Trunk (as in network trunk)

Haute disponibilité - oht dees-po-nee-bee-lee-tay - High availability

Latence - la-tans - Latency

Pare-feu - par-feu - Firewall

Paquet - pa-ke - Packet

Réseau local - ray-zo lo-kal - Local Area Network (LAN)

Routage - roo-tazh - Routing

Serveur mandataire - ser-vur man-da-ter - Proxy server

Sous-réseau - soo-ray-zo - Subnet

Tolérance aux pannes - to-lay-rans o pan - Fault tolerance

Tunnel - ty-nel - Tunnel

Virtualisation - veer-tyoo-a-lee-za-syon - Virtualization

Zone DNS - zon dee-en-es - DNS zone

Passerelle - pas-rel - Gateway

Example Sentences
Le DNS traduit les noms de domaine.
luh dee-en-es tra-dwee lay nom de do-men
DNS translates domain names.

L'équilibrage de charge répartit le trafic.
lay-kee-lee-brazh de sharzh ray-par-tee luh tra-feek
Load balancing distributes traffic.

Ce paquet utilise TCP/IP.
suh pa-ke yoo-tee-lee tay-say-pee-ee-pee
This packet uses TCP/IP.

La passerelle gère le routage.
la pas-rel zhehr luh roo-tazh
The gateway manages routing.

Conversations
A: La latence est trop élevée.
B: Vérifie le pare-feu et la bande passante.
A: J'optimise le réseau local.
A: la la-tans ay tro ay-le-vay
B: vay-ree-fee luh par-feu ay la band pa-sant
A: zhop-tee-meez luh ray-zo lo-kal
A: Latency is too high.
B: Check the firewall and bandwidth.
A: I'll optimize the local network.

A: Le serveur mandataire est saturé.
B: Ajoute un équilibreur de charge.
A: La haute disponibilité s'améliorera.
A: luh ser-vur man-da-ter ay sa-tyu-ray
B: a-zhoo-tun ay-kee-lee-brer de sharzh
A: la oht dees-po-nee-bee-lee-tay sam-ay-lee-o-ray-ra
A: The proxy server is overloaded.
B: Add a load balancer.

A: High availability will improve.

A: Le chiffrement est-il activé ?
B: Oui, via un tunnel sécurisé.
A: La tolérance aux pannes protège aussi.
A: luh shee-fre-mon ay-teel ak-tee-vay
B: wee vee-a un ty-nel say-kyu-ray
A: la to-lay-rans o pan pro-tezh o-see
A: Is encryption enabled?
B: Yes, via a secure tunnel.
A: Fault tolerance also protects.

OPERATING SYSTEMS & KERNEL DEVELOPMENT

Vocabulary

noyau - no-ya-o - kernel

système d'exploitation - sis-tem dex-plo-ta-syon - operating system

mémoire virtuelle - mem-war veer-tu-el - virtual memory

interruption - an-tair-up-syon - interrupt

ordonnanceur - or-don-nan-ser - scheduler

sémaphore - say-ma-for - semaphore

interblocage - an-ter-blo-kazh - deadlock

périphérique - pay-ree-fay-reek - peripheral

tampon - tom-pon - buffer

cache - kash - cache

pagination - pa-zhee-na-syon - paging

pilote - pee-lot - driver

système de fichiers - sis-tem de fee-shyay - file system

multitâche - mool-tee-tash - multitasking

nœud - noo - node (e.g., process node)

verrou - veh-roo - lock

segment - seg-mon - segment

crédit de temps - kray-de de tom - time slice

mode noyau - mod no-ya-o - kernel mode

superutilisateur - soo-pair-u-ti-lee-zer - superuser

Example Sentences

Le noyau gère la mémoire.
Pronunciation: le no-ya-o zhehr la mem-war.
Translation: The kernel manages memory.

Le pilote contrôle le périphérique.
Pronunciation: le pee-lot kon-trol le pay-ree-fay-reek.
Translation: The driver controls the peripheral.

L'ordonnanceur alloue des crédits de temps.
Pronunciation: lor-don-nan-ser a-loo day kray-de de tom.
Translation: The scheduler allocates time slices.

Un interblocage bloque le système.
Pronunciation: un an-ter-blo-kazh blok le sis-tem.
Translation: A deadlock halts the system.

Conversations
A: Le noyau a planté.
B: Vérifie le journal des interruptions.
C: J'ai trouvé un sémaphore corrompu.
Pronunciation: A: le no-ya-o a plan-tay. B: vay-ree-fee le zhoor-nal dayz an-tair-up-syon. C: zhay troo-vay un say-ma-for ko-rom-pü.
Translation: A: The kernel crashed. B: Check the interrupt log. C: I found a corrupted semaphore.

A: Le cache est saturé.
B: Active la pagination immédiatement.
C: La mémoire virtuelle est insuffisante.
Pronunciation: A: le kash eh sa-tü-ray. B: ak-teev la pa-zhee-na-syon ee-may-dee-at-mon. C: la mem-war veer-tu-el eh-tan-sü-fee-zont.
Translation: A: The cache is saturated. B: Enable paging immediately. C: Virtual memory is insufficient.

A: Ce périphérique nécessite un nouveau pilote.
B: Télécharge la dernière version en mode noyau.
C: Le superutilisateur doit l'installer.

Pronunciation: A: se pay-ree-fay-reek nay-se-seet un noo-vo pee-lot. B: tay-lay-sharzh la der-nyair vair-syon on mod no-ya-o. C: le soo-pair-u-ti-lee-zer dwa lee-sta-lay.

Translation: A: This peripheral requires a new driver. B: Download the latest version in kernel mode. C: The superuser must install it.

EDGE COMPUTING & FOG COMPUTING

Vocabulary

Informatique en périphérie - an-for-ma-teek ahn pay-ree-fay-ree - Edge Computing

Informatique en brouillard - an-for-ma-teek ahn broo-yar - Fog Computing

Latence - la-tahns - Latency

Bande passante - bahnd pah-sahnt - Bandwidth

Décentralisation - day-sahn-trah-lee-zah-syon - Decentralization

Capteur - kap-tur - Sensor

Passerelle - pahs-rel - Gateway

Nœud de brouillard - nuh duh broo-yar - Fog Node

Proximité - prok-see-mee-tay - Proximity

Traitement en temps réel - tray-tuh-mahn ahn tahn ray-el - Real-time processing

Fiabilité - fee-ah-bee-lee-tay - Reliability

Évolutivité - ay-vo-loo-tee-vee-tay - Scalability

Sécurité - say-koo-ree-tay - Security

Consommation de bande passante - kon-so-ma-syon duh bahnd pah-sahnt - Bandwidth consumption

Données locales - doh-nay lo-kal - Local data

Réseau distribué - ray-zo dees-tree-boo-ay - Distributed network

Appareil périphérique - a-pa-ray pay-ree-fay-reek - Edge device

Collecte de données - ko-lekt duh doh-nay - Data collection

Analyse locale - a-na-leez lo-kal - Local analytics

Optimisation des ressources - op-tee-mee-zah-syon day reh-soors - Resource optimization

Example Sentences
L'informatique en périphérie réduit la latence.
Pronunciation: lan-for-ma-teek ahn pay-ree-fay-ree ray-dwee la la-tahns.
Translation: Edge computing reduces latency.

Les capteurs envoient des données aux nœuds de brouillard.
Pronunciation: lay kap-tur ahn-vwah day doh-nay oh nuh duh broo-yar.
Translation: Sensors send data to fog nodes.

La sécurité est cruciale pour les appareils périphériques.
Pronunciation: la say-koo-ree-tay ay kroo-see-ahl poor lay za-pa-ray pay-ree-fay-reek.
Translation: Security is critical for edge devices.

L'optimisation des ressources améliore la fiabilité.
Pronunciation: lop-tee-mee-zah-syon day reh-soors a-may-lee-or la fee-ah-bee-lee-tay.
Translation: Resource optimization improves reliability.

Conversations
A: Pourquoi choisir l'informatique en périphérie ?
B: Pour la faible latence et le traitement en temps réel.
C: Oui, et cela réduit la consommation de bande passante.
Pronunciation:
A: poor-kwah shwah-zeer lan-for-ma-teek ahn pay-ree-fay-ree ?
B: poor la feh-bluh la-tahns ay luh tray-tuh-mahn ahn tahn ray-el.
C: wee, ay suh-la ray-dwee la kon-so-ma-syon duh bahnd pah-sahnt.
Translation:
A: Why choose edge computing?
B: For low latency and real-time processing.
C: Yes, and it reduces bandwidth consumption.

A: Comment fonctionne le brouillard informatique ?
B: Il traite les données locales près des capteurs.
C: Exactement, grâce à sa proximité avec les appareils.
Pronunciation:
A: ko-mahn funk-syon luh broo-yar an-for-ma-teek ?
B: eel tray-t lay doh-nay lo-kal pray day kap-tur.
C: eg-zakt-mahn, grahs ah sa prok-see-mee-tay ah-vek lay za-pa-ray.
Translation:
A: How does fog computing work?
B: It processes local data near the sensors.
C: Exactly, thanks to its proximity to devices.

A: Quels défis pour la sécurité en périphérie ?
B: La protection des passerelles et le chiffrement.
C: L'évolutivité du réseau distribué est aussi clé.
Pronunciation:
A: kel day-fee poor la say-koo-ree-tay ahn pay-ree-fay-ree ?
B: la pro-tek-syon day pahs-rel ay luh shee-fruh-mahn.
C: lay-vo-loo-tee-vee-tay doo ray-zo dees-tree-boo-ay ay oh-see klay.
Translation:
A: What security challenges exist at the edge?
B: Protecting gateways and encryption.
C: Scalability of the distributed network is also key.

COMPUTER ARCHITECTURE (CPU/ GPU/TPU DESIGN)

Vocabulary

Architecture des ordinateurs - ar-shee-tek-toor day zor-dee-na-tur - Computer Architecture

Processeur - pro-ses-ur - Processor

Cœur - kur - Core

Cache - kash - Cache

Pipelinage - peep-lee-nazh - Pipelining

Horloge - or-lozh - Clock

Parallélisme - pa-ra-lay-leesm - Parallelism

Accélérateur - ak-say-lay-ra-tur - Accelerator

Système sur puce - sees-tem sir poos - System on Chip (SoC)

Jeu d'instructions - zheu dan-strook-see-on - Instruction Set

Multithreading - mool-tee-tred-ing - Multithreading

Mémoire vive - may-mwar veev - RAM (Random Access Memory)

Bus - boos - Bus

Registre - re-zheestr - Register

Sémaphore - say-ma-for - Semaphore

Tranche - trahnsh - Core (slice)

Vecteur - vek-tur - Vector

Synchronisation - san-kro-nee-za-see-on - Synchronization

Gravure - gra-vur - Lithography (chip fabrication)

Débit de données - day-bee duh doh-nay - Data Throughput

Example Sentences

Le processeur exécute les instructions.
- luh pro-ses-ur eg-zek-oot lay zan-strook-see-on
- The processor executes the instructions.

La mémoire cache réduit la latence.
- la may-mwar kash ray-dwee la la-tahns
- The cache memory reduces latency.

Le parallélisme améliore les performances.
- luh pa-ra-lay-leesm a-may-lyor lay per-for-mahns
- Parallelism improves performance.

Le GPU utilise le multithreading.
- luh zhe-pay oo-tee-leez luh mool-tee-tred-ing
- The GPU uses multithreading.

Conversations
Conversation 1
Le nouveau processeur a huit cœurs.
- luh noo-vo pro-ses-ur a weet kur
- The new processor has eight cores.

Sa fréquence d'horloge est élevée.
- sa fre-kahns dor-lozh ay el-uh-vay
- Its clock frequency is high.

Cela augmente le débit de données.
- suh-la og-mont luh day-bee duh doh-nay
- That increases the data throughput.

Conversation 2
Le GPU est optimisé pour le calcul vectoriel.
- luh zhe-pay ay op-tee-mee-zay poor luh kal-kool vek-to-ryel
- The GPU is optimized for vector computation.

Il gère bien le parallélisme massif.
- eel zhehr byan luh pa-ra-lay-leesm ma-seef
- It handles massive parallelism well.

Les accélérateurs comme le TPU sont similaires.

- lay zak-say-lay-ra-tur kom luh tay-pay-oo son see-mee-lair
- Accelerators like the TPU are similar.

Conversation 3
La gravure en 5nm améliore l'efficacité.
- la gra-vur ahn sank na-no-meh-truh a-may-lyor lef-fee-ka-see-tay
- 5nm lithography improves efficiency.

Le cache L3 réduit les accès mémoire.
- luh kash el-twa ray-dwee lay zak-say may-mwar
- The L3 cache reduces memory accesses.

Le système sur puce intègre tout cela.
- luh sees-tem sir poos an-tehgr too suh-la
- The system on chip integrates all of that.

SERVERLESS ARCHITECTURE & MICROSERVICES

Vocabulary

Fonction sans serveur - fonk-syon san ser-ver - Serverless function

Microservice - mee-kro-ser-vees - Microservice

Déclencheur - day-klahn-sher - Trigger

Événement - ay-ven-mon - Event

Orchestration - or-kes-trah-syon - Orchestration

Latence - lah-tons - Latency

Mise à l'échelle - meez ah lay-shel - Scaling

Stateless - state-less - Stateless

Conteneur - kon-tuh-nur - Container

API Gateway - ah-pee-ee gaht-way - API Gateway

Découplage - day-koo-plazh - Decoupling

Déploiement - day-plwah-mon - Deployment

Observabilité - ob-ser-vah-bee-lee-tay - Observability

Résilience - ray-zee-lyons - Resilience

Goulot d'étranglement - goo-loh day-tron-gle-mon - Bottleneck

Chargement - sharj-mon - Payload

Tolérance aux pannes - toh-lay-rons oh pan - Fault tolerance

Asynchrone - ah-sin-kron - Asynchronous

Synchronisation - sin-kro-nee-zah-syon - Synchronization

Défaillance - day-fie-ons - Failure

Example Sentences

Les microservices réduisent la complexité monolithique.
Lay mee-kro-ser-vees ray-dew-se lah kom-plek-see-tay mo-no-lee-teek.
Microservices reduce monolithic complexity.

Ce déclencheur exécute la fonction sans serveur.
Suh day-klahn-sher eg-zek-yoot lah fonk-syon san ser-ver.
This trigger executes the serverless function.

L'observabilité simplifie le débogage distribué.
Lob-ser-vah-bee-lee-tay san-plee-fee luh day-bo-gazh dees-tree-bew-ay.
Observability simplifies distributed debugging.

L'orchestration gère les workflows asynchrones.
Lor-kes-trah-syon zhehr lay werk-flo ah-sin-kron.
Orchestration manages asynchronous workflows.

Conversations
La latence impacte l'expérience utilisateur.
Lah lah-tons am-pakt leks-pair-ee-ons ew-tee-lee-zah-tur.
Latency impacts user experience.

Optimisons le découplage des composants.
Ohp-tee-mee-zon luh day-koo-plazh day kom-poh-zon.
Let's optimize component decoupling.

Cela améliore la tolérance aux pannes.
Suh-lah ah-may-lyor lah toh-lay-rons oh pan.
That improves fault tolerance.

Nous migrons vers une architecture sans serveur.
Noo mee-gron vair ewn ark-ee-tek-toor san ser-ver.
We're migrating to serverless architecture.

Quid de la gestion des états persistants ?
Keed duh lah zhes-tyon day zay-tah pair-see-ston?
What about persistent state management?

Utilisez des bases de données serverless.
Ew-tee-lee-zay day bahz duh don-ay ser-ver-less.
Use serverless databases.

Le déploiement continu accélère les livraisons.
Luh day-plwah-mon kon-teen-ew ak-say-lair lay lee-vray-zon.
Continuous deployment speeds up deliveries.

Mais évitez les goulots d'étranglement.
May zay-vee-tay lay goo-loh day-tron-gle-mon.
But avoid bottlenecks.

La mise à l'échelle automatique est cruciale.
Lah meez ah lay-shel oh-to-mah-teek ay kroo-syal.
Automatic scaling is crucial.

DATA CENTER DESIGN & MANAGEMENT

Vocabulary

Alimentation - a-lee-men-ta-syon - Power supply

Baie - bay - Rack

Bande passante - bahnd pah-sahnt - Bandwidth

Câblage - kah-blahzh - Cabling

Cloud - klood - Cloud

Conteneurisé - kon-tuh-nuh-ree-zay - Containerized

Évolutivité - ay-vo-lu-tee-vee-tay - Scalability

Fibre optique - feebr op-teek - Fiber optic

Haute disponibilité - oat dis-po-nee-bee-lee-tay - High availability

Infrastructure - an-fra-struk-tur - Infrastructure

PUE - pay-oo-uh - Power Usage Effectiveness

Redondance - ruh-don-dahns - Redundancy

Refroidissement - ruh-frwa-dees-mon - Cooling

Réseau - ray-zo - Network

Sauvegarde - so-veg-ard - Backup

Sécurité - say-kyu-ree-tay - Security

Serveur - ser-veur - Server

Supervision - su-per-vee-zyon - Monitoring

Tier - tee-air - Tier

Virtualisation - vir-tu-a-li-za-syon - Virtualization

Example Sentences

La redondance assure la haute disponibilité.

- La ruh-don-dahns a-soor law oat dis-po-nee-bee-lee-tay.

- Redundancy ensures high availability.

Le refroidissement impacte le PUE.
- Luh ruh-frwa-dees-mon an-pakt luh pay-oo-uh.
- Cooling impacts PUE.

La virtualisation optimise les serveurs.
- La vir-tu-a-li-za-syon op-tee-meez lay ser-veur.
- Virtualization optimizes servers.

La supervision du réseau est cruciale.
- La su-per-vee-zyon dew ray-zo ay kru-see-al.
- Network monitoring is crucial.

Conversations
Quel tier est recommandé pour la redondance ?
- Kel tee-air ay ruh-ko-mon-day poor la ruh-don-dahns ?
- Which tier is recommended for redundancy?

Le tier IV offre la meilleure disponibilité.
- Luh tee-air katr ofr la may-yur dis-po-nee-bee-lee-tay.
- Tier IV offers the best availability.

Parfait, priorisons la sécurité aussi.
- Par-fay, pree-o-ree-zon la say-kyu-ree-tay oh-see.
- Perfect, let's prioritize security too.

Comment réduire notre PUE ?
- Kom-mon ray-dweer no-truh pay-oo-uh ?
- How can we reduce our PUE?

Améliorez le refroidissement et l'alimentation.
- A-may-lyo-ray luh ruh-frwa-dees-mon ay la-lee-men-ta-syon.
- Improve cooling and power supply.

Utilisons la fibre optique pour le réseau.
- U-tee-lee-zon la feebr op-teek poor luh ray-zo.
- Let's use fiber optic for the network.

La sauvegarde est-elle automatisée ?
- La so-veg-ard ay-tel o-to-ma-tee-zay ?

- Is the backup automated?

Oui, avec supervision du cloud.
- Wee, a-vek su-per-vee-zyon dew klood.
- Yes, with cloud monitoring.

Vérifions l'infrastructure conteneurisée.
- Vay-ree-fee-on lan-fra-struk-tur kon-tuh-nuh-ree-zay.
- Let's check the containerized infrastructure.

HYBRID & MULTI-CLOUD STRATEGIES

Vocabulary
Cloud Hybride - klu-ud ee-breed - Hybrid Cloud
Multi-Cloud - mool-tee klu-ud - Multi-Cloud
Interopérabilité - an-tay-ro-pay-ra-bee-lee-tay - Interoperability
Portabilité - por-ta-bee-lee-tay - Portability
Gouvernance - goo-vair-nahns - Governance
Sécurité - say-kur-ee-tay - Security
Conformité - kon-for-mee-tay - Compliance
Infrastructure - an-fra-strook-tur - Infrastructure
Virtualisation - veer-twal-ee-za-syon - Virtualization
Orchestration - or-kes-tras-syon - Orchestration
Conteneurisation - kon-tuh-ner-ee-za-syon - Containerization
Réseau - ray-zo - Network
Latence - la-tahns - Latency
Redondance - re-don-dahns - Redundancy
Sauvegarde - so-veh-gard - Backup
Récupération - ray-koo-pay-ra-syon - Recovery
Évolutivité - ay-vo-loo-tee-vee-tay - Scalability
Flexibilité - flek-see-bee-lee-tay - Flexibility
Optimisation - op-tee-mee-za-syon - Optimization
Migration - mee-gra-syon - Migration

Example Sentences
La stratégie multi-cloud réduit les risques de verrouillage.
- la stra-tay-zhee mool-tee klu-ud ray-dwee lay reesk duh veh-roo-ah-yazh
- The multi-cloud strategy reduces vendor lock-in risks.

L'interopérabilité entre clouds est cruciale.
- lan-tay-ro-pay-ra-bee-lee-tay ahn-truh klu-ud ay kroo-see-al
- Interoperability between clouds is crucial.

La migration vers le cloud hybride améliore la flexibilité.
- la mee-gra-syon vair luh klu-ud ee-breed a-may-lee-or la flek-see-bee-lee-tay
- Migration to hybrid cloud improves flexibility.

L'optimisation des coûts est un avantage clé.
- lop-tee-mee-za-syon day koo ay-tun ah-vahn-tazh klay
- Cost optimization is a key advantage.

Conversations
A: Quels sont les défis de la gouvernance multi-cloud?
B: La conformité et la sécurité sont complexes à uniformiser.
C: Une plateforme centralisée peut résoudre cela.
- A: kel son lay day-fee duh la goo-vair-nahns mool-tee klu-ud?
- B: la kon-for-mee-tay ay la say-kur-ee-tay son kom-pleks ah oo-nee-for-mee-zay
- C: oon plat-form sahn-trah-lee-zay puh ray-zoor-d suh-la
- A: What are the challenges of multi-cloud governance?
- B: Compliance and security are complex to standardize.
- C: A centralized platform can solve that.

A: Pourquoi privilégier la portabilité?
B: Pour éviter la dépendance à un seul fournisseur.
C: Et faciliter la récupération après un incident.
- A: poor-kwa pree-vee-lay-zhee-ay la por-ta-bee-lee-tay?
- B: poor ay-vee-tay la day-pahn-dahns ah un seul foor-nee-sur
- C: ay fa-see-lee-tay la ray-koo-pay-ra-syon ah-pray un an-see-dahn
- A: Why prioritize portability?
- B: To avoid dependence on a single provider.
- C: And to simplify recovery after an incident.

A: Comment gérez-vous la latence dans le cloud hybride?

B: Avec des réseaux optimisés et une redondance renforcée.

C: Cela améliore aussi l'évolutivité.

- A: ko-mohn zhay-ray voo la la-tahns dahn luh klu-ud ee-breed?

- B: ah-vek day ray-zo op-tee-mee-zay ay oon re-don-dahns rahn-for-say

- C: suh-la a-may-lee-or oh-see lay-vo-loo-tee-vee-tay

- A: How do you manage latency in hybrid cloud?

- B: With optimized networks and enhanced redundancy.

- C: That also improves scalability.

SOFTWARE DEVELOPMENT METHODOLOGIES (AGILE, SCRUM, ETC.)

Vocabulary

Mêlée - may-lay - Scrum meeting

Backlog - bak-lawg - Backlog

Sprint - sprint - Sprint

Incrément - ahn-kray-mon - Increment

Retrospective - re-tro-spek-teev - Retrospective

Besoins - buh-zwahn - Requirements

Livrable - lee-vra-bluh - Deliverable

Itération - ee-tay-rah-syon - Iteration

Vélocité - vay-lo-see-tay - Velocity

Bureau - bur-oh - Scrum board

Équipe - ay-keep - Team

Priorisation - pree-or-ee-zah-syon - Prioritization

Définition - day-fee-nee-syon - Definition

Acceptation - ak-sep-tah-syon - Acceptance

Tâche - tash - Task

Stakeholder - stayk-hohl-dur - Stakeholder

Réunion - ray-oon-yon - Meeting

Démonstration - day-mon-strah-syon - Demonstration

Validation - vah-lee-dah-syon - Validation

Amélioration - ah-may-lyay-rah-syon - Improvement

Example Sentences
Nous planifions le sprint.
noo plan-ee-fee-on luh sprint
We are planning the sprint.

La rétrospective est utile.
lah ray-tro-spek-teev eh too-teel
The retrospective is useful.

Validez les tâches maintenant.
vah-lee-day lay tash mahn-ten-on
Validate the tasks now.

L'équipe améliore la vélocité.
lay-keep ah-may-lyur lah vay-lo-see-tay
The team improves the velocity.

Conversations
Quand est la prochaine mêlée ?
kahn eh lah pro-shen may-lay
When is the next scrum meeting?

À neuf heures demain.
ah nuhv ur duh-mahn
At nine tomorrow.

Préparez le backlog.
pray-pah-ray luh bak-lawg
Prepare the backlog.

La démonstration est prête ?
lah day-mon-strah-syon eh pret
Is the demonstration ready?

Oui, mais vérifiez la validation.
wee may vay-ree-fee-ay lah vah-lee-dah-syon
Yes, but check the validation.

J'accepte les livrables.

zhak-sept lay lee-vra-bluh
I accept the deliverables.

Priorisez ces besoins urgents.
pree-or-ee-zay say buh-zwahn ur-zhon
Prioritize these urgent requirements.

Utilisez le bureau Scrum.
oo-tee-lee-zay luh bur-oh skrum
Use the Scrum board.

L'itération commence lundi.
lee-tay-rah-syon koh-mons lun-dee
The iteration starts Monday.

PROGRAMMING LANGUAGES (COMPILED VS. INTERPRETED)

Vocabulary

Compilé - kom-pee-lay - Compiled

Interprété - an-tair-pray-tay - Interpreted

Exécutable - eg-zek-yu-tabl - Executable

Code source - kod soors - Source code

Traduction - tra-dyuk-syon - Translation (compilation)

Machine - ma-sheen - Machine

Portable - por-ta-bl - Portable

Performance - pair-for-mahns - Performance

Dépendance - day-pahn-dahns - Dependency

Environnement - ahn-vee-ron-mahn - Environment

Bytecode - bite-kod - Bytecode

Interpréteur - an-tair-pray-tur - Interpreter

Compilateur - kom-pee-la-tur - Compiler

Temps réel - tahn ray-el - Real-time

Lien dynamique - lyen dee-na-meek - Dynamic linking

Optimisation - op-tee-mee-za-syon - Optimization

Analyse statique - a-na-leez sta-teek - Static analysis

Édition de liens - ay-dee-syon duh lyen - Linking

Intermédiaire - an-tair-may-dyair - Intermediate

Portabilité - por-ta-bee-lee-tay - Portability

Métalangage - may-ta-lahn-gazh - Metalanguage

Example Sentences
Le code compilé est plus rapide.
luh kod kom-pee-lay ay ploo ra-peed.
Compiled code is faster.

Python utilise un interpréteur.
pee-ton ew-tee-z uhn an-tair-pray-tur.
Python uses an interpreter.

Les langages interprétés sont portables.
lay lahn-gazh an-tair-pray-tay sohn por-ta-bl.
Interpreted languages are portable.

Le compilateur génère un exécutable.
luh kom-pee-la-tur zhay-nair uhn eg-zek-yu-tabl.
The compiler generates an executable.

Conversations
Quelle est la différence entre compilé et interprété ?
kel ay la dee-fay-rahns ahn-truh kom-pee-lay ay an-tair-pray-tay ?
What is the difference between compiled and interpreted?

Les compilés créent un exécutable pour la machine.
lay kom-pee-lay kray uhn eg-zek-yu-tabl poor la ma-sheen.
Compiled ones create an executable for the machine.

Les interprétés ont besoin d'un environnement.
lay zan-tair-pray-tay ohn buh-zwan duhn ahn-vee-ron-mahn.
Interpreted ones need an environment.

Pourquoi choisir un langage compilé ?
poor-kwah shwa-zeer uhn lahn-gazh kom-pee-lay ?
Why choose a compiled language?

Pour la performance et l'optimisation.
poor la pair-for-mahns ay lop-tee-mee-za-syon.

For performance and optimization.

Mais il manque de portabilité.
may eel mahnk duh por-ta-bee-lee-tay.
But it lacks portability.

Java utilise du bytecode intermédiaire.
zhah-vah ew-tee-z dew bite-kod an-tair-may-dyair.
Java uses intermediate bytecode.

C'est compilé puis interprété ?
say kom-pee-lay pwee an-tair-pray-tay ?
Is it compiled then interpreted?

Oui, pour la portabilité et la performance.
wee, poor la por-ta-bee-lee-tay ay la pair-for-mahns.
Yes, for portability and performance.

WEB TECHNOLOGIES (HTTP/HTTPS, REST, GRAPHQL)

Vocabulary

Requête - reh-ket - Request
Réponse - ray-pons - Response
Serveur - ser-ver - Server
Client - klee-ahn - Client
Point de terminaison - pwan der ter-mee-nay-zon - Endpoint
Méthode - may-tod - Method
Statut - sta-too - Status
En-tête - on-tet - Header
Corps - kor - Body
Authentification - oh-ton-tee-fee-kah-syon - Authentication
Autorisation - oh-toh-ree-zah-syon - Authorization
Sécurisé - say-kew-ray-zay - Secure
Données - doh-nay - Data
Schéma - shay-mah - Schema
Mutation - mew-tah-syon - Mutation
Requête GET - reh-ket jet - GET request
Requête POST - reh-ket post - POST request
Requête PUT - reh-ket poot - PUT request
Requête DELETE - reh-ket day-let - DELETE request
Requête GraphQL - reh-ket graph-kyu-el - GraphQL query

Example Sentences
Le serveur envoic une réponse HTTP.

luh ser-ver on-vwa oon ray-pons ay-shay-tay-peh-tay
The server sends an HTTP response.

GraphQL évite le sur-chargement des données.
graph-kyu-el ay-veet luh sur-sharj-mon day doh-nay
GraphQL avoids over-fetching of data.

HTTPS utilise un certificat SSL.
ay-shay-tay-peh-ess ew-tee-leez un ser-tee-fee-kah ess-ess-el
HTTPS uses an SSL certificate.

La méthode POST crée une ressource.
la may-tod post kray oon reh-sors
The POST method creates a resource.

Conversations
A: Pourquoi préférer GraphQL à REST?
poor-kwa pray-fur-ay graph-kyu-el ah rest
Why prefer GraphQL over REST?

B: GraphQL permet une seule requête pour plusieurs données.
graph-kyu-el per-may oon seul reh-ket poor ploo-zyur doh-nay
GraphQL allows one query for multiple data points.

A: Compris. Moins de requêtes réseau.
kom-pree. mwan der reh-ket rez-oh
Understood. Fewer network requests.

A: L'API nécessite-t-elle une authentification?
lah-pee-ee nay-say-seet-el oon oh-ton-tee-fee-kah-syon
Does the API require authentication?

B: Oui, ajoutez le token dans l'en-tête.
wee, ah-zhoo-tay luh tohk dahn lon-tet
Yes, add the token in the header.

A: Merci, le statut 200 confirme.
mair-see, luh sta-too de-sahn kon-feerm

Thanks, status 200 confirms it.

A: HTTP ou HTTPS pour ce site?
ay-shay-tay-peh-tay oo ay-shay-tay-peh-ess poor ser seet
HTTP or HTTPS for this site?

B: HTTPS! Les données doivent être sécurisées.
ay-shay-tay-peh-ess! lay doh-nay dwav ay-truh say-kew-ray-zay
HTTPS! Data must be secure.

A: Absolument. Évitons les risques.
ab-so-loo-mon. ay-vee-ton lay reesk
Absolutely. Let's avoid risks.

MOBILE DEVELOPMENT (NATIVE VS. HYBRID APPS)

Vocabulary

Application Native - ap-li-ka-syon na-teev - Native App

Application Hybride - ap-li-ka-syon ee-breed - Hybrid App

Performances - per-for-man-s - Performance

Accès Natif - ak-say na-teef - Native Access

Rendu - ron-dew - Rendering

Compilation - kom-pee-la-syon - Compilation

Bibliothèque - bee-blee-oh-tek - Library

Module Natif - mo-dewl na-teef - Native Module

WebView - web-vyoo - WebView

Intégration - an-tay-gra-syon - Integration

Outil de Développement - oo-teel duh day-vel-op-mon - Development Tool

Store d'Applications - stor dap-li-ka-syon - App Store

Appareil Mobile - a-pa-ray mo-beel - Mobile Device

Système d'Exploitation - sis-tem dex-plo-ta-syon - Operating System

Interface Utilisateur - an-ter-fas u-ti-lee-za-tur - User Interface

Fonctionnalité - fonk-syon-na-lee-tay - Feature

Temps de Chargement - ton duh sharj-mon - Loading Time

Code Source - kod soors - Source Code

Débogage - day-bo-gazh - Debugging

Multiplateforme - mool-tee-plat-form - Cross-Platform

Example Sentences
Les applications natives ont un meilleur rendu.
Lay zap-li-ka-syon na-teev on un may-yur ron-dew.
Native apps have better rendering.

Les applications hybrides utilisent une WebView.
Lay zap-li-ka-syon ee-breed u-ti-leez oon web-vyoo.
Hybrid apps use a WebView.

L'accès natif améliore les performances.
Lak-say na-teef a-may-lyor lay per-for-man-s.
Native access improves performance.

La compilation est plus rapide en natif.
La kom-pee-la-syon ay plew ra-peed on na-teef.
Compilation is faster in native.

Conversations
Quelle est la différence majeure entre natif et hybride?
Kel ay la dee-fay-rawns ma-zhur on-truh na-teef ay ee-breed?
What's the main difference between native and hybrid?

Le natif offre de meilleures performances, mais l'hybride est multiplateforme.
Luh na-teef ofr duh may-yur per-for-man-s, may lee-breed ay mool-tee-plat-form.
Native offers better performance, but hybrid is cross-platform.

Je comprends. Le temps de chargement est critique.
Zhuh kom-pron. Luh ton duh sharj-mon ay kree-teek.
I understand. Loading time is critical.

Pourquoi choisir le développement hybride?
Poor-kwa shwa-zeer luh day-vel-op-mon ee-breed?
Why choose hybrid development?

Pour partager le code source entre iOS et Android.
Poor par-ta-zhay luh kod soors on-truh iOS ay Android.

To share source code between iOS and Android.

Mais l'intégration des modules natifs est complexe.
May lan-tay-gra-syon day mo-dewl na-teef ay kom-pleks.
But integrating native modules is complex.

Les outils comme React Native sont populaires.
Lay zoo-tee kom React Native son pop-u-lair.
Tools like React Native are popular.

Ils combinent le web et les bibliothèques natives.
Eel kom-been luh web ay lay bee-blee-oh-tek na-teev.
They combine web and native libraries.

Oui, mais le débogage reste difficile.
Wee, may luh day-bo-gazh rest dee-fee-seel.
Yes, but debugging remains challenging.

GAME DEVELOPMENT (ENGINES, PHYSICS, RENDERING)

Vocabulary
Moteur - mo-tur - Engine
Physique - fee-zeek - Physics
Rendu - rahn-doo - Rendering
Texture - teks-tur - Texture
Éclairage - ay-kler-ahzh - Lighting
Animation - ah-nee-mah-syon - Animation
Collision - koh-lee-zyon - Collision
Shader - shay-dur - Shader
Polygone - poh-lee-gohn - Polygon
Vertex - vair-teks - Vertex
Maillage - my-ahzh - Mesh
Rigging - ree-gheeng - Rigging
Cinématique - see-nay-mah-teek - Cinematic
Particule - par-tee-kool - Particle
Lumière - loo-myair - Light
Ombre - ohmbr - Shadow
Tesselation - tay-sel-lah-syon - Tessellation
Scripting - skreep-ting - Scripting
Débogage - day-bo-gahzh - Debugging
Géométrie - zhay-oh-may-tree - Geometry

Example Sentences
Le moteur gère la physique et le rendu.

luh mo-tur zhair lah fee-zeek ay luh rahn-doo
The engine handles physics and rendering.

L'éclairage dynamique améliore les ombres.
lay-kler-ahzh dee-nah-meek ah-may-lyor lay zohmbr
Dynamic lighting improves shadows.

Les collisions nécessitent un débogage minutieux.
lay koh-lee-zyon nay-say-seet uhn day-bo-gahzh mee-noo-syuh
Collisions require careful debugging.

Ce shader optimise la texture des polygones.
suh shay-dur op-tee-meez lah teks-tur day poh-lee-gohn
This shader optimizes polygon texture.

Conversations
A: Le moteur prend-il en charge la tesselation ?
luh mo-tur prahn-teel ahn sharzh lah tay-sel-lah-syon
B: Oui, pour améliorer la géométrie des maillages.
wee poor ah-may-lyoray lah zhay-oh-may-tree day my-ahzh
A: Parfait, cela affine les détails du rendu.
par-fay suh-lah ah-feen lay day-tahy doo rahn-doo

A: Les particules ralentissent l'animation.
lay par-tee-kool rah-lahn-teess lah-nee-mah-syon
B: Optimise le scripting ou réduis leur nombre.
op-tee-meez luh skreep-ting oo ray-dwee lur nohmbr
A: Je vais ajuster la physique des collisions.
zhuh vay ah-zhoo-stay lah fee-zeek day koh-lee-zyon

A: L'éclairage affecte-t-il les performances ?
lay-kler-ahzh ah-fekt-teel lay pair-for-mahns
B: Certains shaders sont trop gourmands en ressources.
sair-tahn shay-dur sohn troh goor-mahn ahn ruh-soors
A: Simplifie les polygones et les textures alors.
sahn-plee-fee lay poh-lee-gohn ay lay teks-tur ah-lor

UI/UX DESIGN (WIREFRAMING, PROTOTYPING)

Vocabulary

Maquette fil de fer - ma-ket feel duh fair - Wireframe

Prototype cliquable - pro-to-teep klee-kabl - Clickable prototype

Flux utilisateur - flew ew-ti-lee-zuh-tur - User flow

Test d'utilisabilité - test dew-ti-lee-za-bee-lee-tay - Usability testing

Retour utilisateur - ruh-tour ew-ti-lee-zuh-tur - User feedback

Itération - ee-tay-rah-syon - Iteration

Navigation - na-vee-gah-syon - Navigation

Fidélité - fee-day-lee-tay - Fidelity (e.g., high/low fidelity)

Composant - kom-po-zahn - Component

Interaction - in-ter-ak-syon - Interaction

Validation - va-lee-dah-syon - Validation

Accessibilité - ak-ses-see-bee-lee-tay - Accessibility

Outil - oo-teel - Tool

Mise en page - meez on pahj - Layout

Grille - gree-yuh - Grid

Espace réservé - es-pahs reh-zer-vay - Placeholder

Annotation - ah-no-tah-syon - Annotation

Adaptatif - ah-dap-ta-teef - Responsive (design)

État - ay-tah - State (e.g., hover state)

Storyboard - store-ee-bord - Storyboard

Example Sentences

Nous esquissons le flux utilisateur demain.
noo zess-kee-son luh flew ew-ti-lee-zuh-tur duh-man
We are sketching the user flow tomorrow.

La maquette fil de fer montre la mise en page.
la ma-ket feel duh fair montruh la meez on pahj
The wireframe shows the layout.

Ajoutez des annotations au prototype cliquable.
ah-joo-tay day zah-no-tah-syon oh pro-to-teep klee-kabl
Add annotations to the clickable prototype.

Testez l'accessibilité avec des utilisateurs réels.
tes-tay lak-ses-see-bee-lee-tay ah-vek day zew-ti-lee-zuh-tur ray-
el
Test accessibility with real users.

Conversations
A: Le prototype cliquable est-il prêt pour la validation ?
luh pro-to-teep klee-kabl eh-teel preh poor la va-lee-dah-syon
B: Oui, mais je dois ajuster la navigation d'abord.
wee meh juh dwah ah-zhoo-stay la na-vee-gah-syon dah-bor
A: Parfait, envoyez-le après les ajustements.
par-feh on-voy-yay luh ah-preh lay zah-zhoost-mon

A: La fidélité de cette maquette est trop basse.
la fee-day-lee-tay duh set ma-ket eh tro bas
B: Je vais créer une itération haute fidélité demain.
juh veh kreh-ay ewn ee-tay-rah-syon oht fee-day-lee-tay duh-
man
A: Utilisez la grille pour améliorer la mise en page.
ew-tee-zay la gree-yuh poor am-ay-lee-yay la meez on pahj

A: Quels outils pour le storyboard du flux utilisateur ?
kel oo-teel poor luh store-ee-bord dew flew ew-ti-lee-zuh-tur
B: Figma est idéal pour les états interactifs.
feeg-ma eh ee-day-al poor lay zay-tah in-ter-ak-teef
A: Commencez avec des espaces réservés simples.

kom-on-say ah-vek day zes-pahs reh-zer-vay sam-pluh

COMPILER DESIGN & OPTIMIZATION

Vocabulary
Optimisation - op-tee-mee-za-syon - Optimization
Compilateur - kom-pee-la-tur - Compiler
Analyseur - a-na-lee-zur - Parser
Lexème - lek-sem - Lexeme
Syntaxe - san-taks - Syntax
Sémantique - sey-mon-teek - Semantics
Interférence - an-ter-fey-rons - Interference
Registre - ruh-zhees-tr - Register
Boucle - book-l - Loop
Pointeur - pwan-tur - Pointer
Parcours - par-koor - Traversal
Aliasing - a-lee-a-zeeng - Aliasing
Inlining - in-lay-neeng - Inlining
Déroulage - dey-roo-lazh - Loop unrolling
Parallélisation - pa-ra-lay-lee-za-syon - Parallelization
Allocation - a-lo-ka-syon - Allocation
Débordement - dey-bor-de-mon - Overflow
Dépendance - dey-pon-dons - Dependency
Abstraction - ap-strak-syon - Abstraction
Spéculation - spe-ku-la-syon - Speculation

Example Sentences
L'optimisation réduit le temps d'exécution.
- lop-tee-mee-za-syon rey-dwee luh tom deh-zek-ku-syon -
Optimization reduces execution time.

Le compilateur génère du code machine.
- luh kom-pee-la-tur zhey-ner dew koad ma-sheen -
The compiler generates machine code.

L'analyseur vérifie la syntaxe.
- la-na-lee-zur vey-ree-fee la san-taks -
The parser checks the syntax.

Le déroulage améliore les performances.
- luh dey-roo-lazh a-mey-lyor lay per-for-mons -
Loop unrolling improves performance.

Conversations
L'aliasing complique l'optimisation.
- la-lee-a-zeeng kom-plee-k lop-tee-mee-za-syon -
Aliasing complicates optimization.

Utilisons l'analyse de pointeurs.
- u-tee-lee-zon la-na-leez duh pwan-tur -
Let's use pointer analysis.

Cela résoudra les dépendances.
- suh-la rey-soo-dra lay dey-pon-dons -
That will resolve the dependencies.

La parallélisation est-elle possible ici ?
- la pa-ra-lay-lee-za-syon et-el po-see-bl ee-see -
Is parallelization possible here?

Oui, mais évitons le débordement.
- wee, meh zey-vee-ton luh dey-bor-de-mon -
Yes, but let's avoid overflow.

J'allouerai plus de registres.
- zha-loo-reh plew duh ruh-zhees-tr -
I will allocate more registers.

L'inlining a-t-il aidé ?
- lin-lay-neeng a-teel eh-dey -
Did inlining help?

Oui, mais la spéculation échoue.
- wee, meh la spe-ku-la-syon ey-shoo -
Yes, but speculation fails.

Optimisons le parcours de boucle.
- op-tee-mee-zon luh par-koor duh book-l -
Let's optimize the loop traversal.

LOW-CODE/NO-CODE DEVELOPMENT PLATFORMS

Vocabulary

Développement - day-vel-op-mon - Development

Plateforme - plat-form - Platform

Glisser-déposer - glee-say day-poh-zay - Drag and drop

Automatisation - oh-toh-ma-tee-za-syon - Automation

Workflow - work-flo - Workflow

Base de données - bahz duh doh-nay - Database

Intégration - an-tay-gra-syon - Integration

Déploiement - day-plwa-mon - Deployment

Connecteur - kon-ek-tur - Connector

Personnalisation - per-soh-na-lee-za-syon - Customization

Formulaire - for-mu-lair - Form

Débogage - day-bo-gahj - Debugging

Évolutivité - ay-vo-lu-tee-vee-tay - Scalability

Interface utilisateur - an-ter-fas u-tee-lee-za-tur - User interface

Sans code - san kohd - No code

Faible code - febl kohd - Low code

Modèle - moh-del - Template

Création - kray-ah-syon - Creation

Tester - tess-tay - Testing

Connecter - kon-ek-tay - To connect

Example Sentences

La plateforme permet le glisser-déposer.

Plat-form per-may luh glee-say day-poh-zay.
The platform allows drag and drop.

L'automatisation accélère les workflows.
Loh-toh-ma-tee-za-syon ak-sel-air lay work-flo.
Automation speeds up workflows.

Nous utilisons une base de données intégrée.
Noo zew-tee-lee-zohn ewn bahz duh doh-nay an-tay-gray.
We use an integrated database.

Personnalisez le formulaire facilement.
Per-soh-na-lee-zay luh for-mu-lair fah-seel-mon.
Customize the form easily.

Conversations
A: J'ai besoin de créer une application rapidement.
Zhay buh-zwan duh kray-ay ewn ah-plee-ka-syon rah-peed-mon.
I need to create an app quickly.

B: Utilisez une plateforme sans code.
Ew-tee-lee-zay ewn plat-form san kohd.
Use a no-code platform.

A: Bonne idée, je vais tester.
Bon ee-day, zhuh vay tess-tay.
Good idea, I'll test it.

A: Comment connecter la base de données ?
Ko-mon kon-ek-tay la bahz duh doh-nay?
How to connect the database?

B: Avec un connecteur intégré.
Ah-vek uhn kon-ek-tur an-tay-gray.
With a built-in connector.

A: Parfait, c'est simple.

Par-fay, say sam-pluh.
Perfect, it's simple.

A: Le workflow nécessite des modifications.
Luh work-flo nay-see-seet day moh-dee-fee-ka-syon.
The workflow needs modifications.

B: Personnalisez-le via l'interface.
Per-soh-na-lee-zay luh vee-a lan-ter-fas.
Customize it via the interface.

A: Oui, je débogue maintenant.
Wee, zhuh day-boog muhn-tuh-non.
Yes, I'm debugging now.

DATA SCIENCE (EDA, FEATURE ENGINEERING)

Vocabulary

Exploration des données - eks-plo-ra-syon day do-nay - Data exploration

Ingénierie des caractéristiques - an-zhay-nee-ree day ka-rak-te-rees-teek - Feature engineering

Variable catégorielle - va-ree-abl ka-tay-go-ree-el - Categorical variable

Variable numérique - va-ree-abl noo-may-reek - Numerical variable

Valeur manquante - va-ler man-kant - Missing value

Distribution - dis-tree-boo-syon - Distribution

Corrélation - ko-ray-la-syon - Correlation

Visualisation - vee-zoo-a-lee-za-syon - Visualization

Nettoyage - ne-twa-yazh - Cleaning

Transformation - trans-for-ma-syon - Transformation

Sélection de caractéristiques - say-lek-syon day ka-rak-te-rees-teek - Feature selection

Réduction de dimensionnalité - ray-dook-syon day dee-mon-syo-na-lee-tay - Dimensionality reduction

Valeur aberrante - va-ler a-beh-rant - Outlier

Normalisation - nor-ma-lee-za-syon - Normalization

Standardisation - stan-dar-dee-za-syon - Standardization

Données déséquilibrées - do-nay day-zay-keel-bray - Imbalanced data

Analyse en composantes principales - a-na-leez on kom-po-zant pran-see-pal - Principal component analysis
Boîte à moustaches - bwat a moo-stash - Box plot
Matrice de corrélation - ma-trees day ko-ray-la-syon - Correlation matrix
Régression linéaire - ray-gres-syon lee-nay-air - Linear regression

Example Sentences
Nous devons nettoyer les données avant l'analyse.
Pronunciation: noo duh-von ne-twa-yay lay do-nay a-von la-na-leez
Translation: We must clean the data before analysis.

La corrélation entre ces variables est forte.
Pronunciation: la ko-ray-la-syon on-truh say va-ree-abl ay fort
Translation: The correlation between these variables is strong.

L'ingénierie des caractéristiques améliore le modèle.
Pronunciation: lan-zhay-nee-ree day ka-rak-te-rees-teek a-may-lee-or luh mod-el
Translation: Feature engineering improves the model.

Nous avons identifié des valeurs aberrantes.
Pronunciation: noo za-von ee-den-tee-fyay day va-ler a-beh-rant
Translation: We identified outliers.

Conversations
A: As-tu terminé l'exploration des données ?
B: Oui, j'ai trouvé des valeurs manquantes et des corrélations.
C: Parfait, procédons au nettoyage et à l'ingénierie des caractéristiques.
Pronunciation:
A: a-tyoo tair-mee-nay lex-plo-ra-syon day do-nay
B: wee, zhay troo-vay day va-ler man-kant ay day ko-ray-la-syon
C: par-fay, pro-say-don o ne-twa-yazh ay a lan-zhay-nee-ree day ka-rak-te-rees-teek
Translation:

A: Did you finish the data exploration?
B: Yes, I found missing values and correlations.
C: Perfect, let's proceed with cleaning and feature engineering.

A: Comment traiter les variables catégorielles ?
B: Utilise l'encodage one-hot pour la transformation.
A: Bonne idée, vérifie la cardinalité d'abord.
Pronunciation:
A: ko-mon tray-tay lay va-ree-abl ka-tay-go-ree-el
B: oo-tee-leez lon-ko-dazh one-hot poor la trans-for-ma-syon
A: bon ee-day, vay-ree-fee la kar-dee-na-lee-tay da-bor
Translation:
A: How to handle categorical variables?
B: Use one-hot encoding for transformation.
A: Good idea, check the cardinality first.

A: La distribution est-elle normale ?
B: Non, elle est asymétrique. Appliquons une normalisation.
A: Oui, puis une standardisation si nécessaire.
Pronunciation:
A: la dis-tree-boo-syon ay-tel nor-mal
B: non, el ay a-see-may-treek. a-plee-kon oon nor-ma-lee-za-syon
A: wee, pwee oon stan-dar-dee-za-syon see ne-se-sair
Translation:
A: Is the distribution normal?
B: No, it's skewed. Let's apply normalization.
A: Yes, then standardization if needed.

MACHINE LEARNING (SUPERVISED/ UNSUPERVISED LEARNING)

Vocabulary

Apprentissage supervisé - ah-pren-tis-ahzh soo-pehr-vee-zay - Supervised learning

Apprentissage non supervisé - ah-pren-tis-ahzh nohn soo-pehr-vee-zay - Unsupervised learning

Données étiquetées - doh-nay ay-tee-keh-tay - Labeled data

Données non étiquetées - doh-nay nohn ay-tee-keh-tay - Unlabeled data

Entraînement - ahn-trehn-mahn - Training

Prédiction - pray-deek-see-ohn - Prediction

Régression - ray-greh-see-ohn - Regression

Classification - klah-see-fee-kah-see-ohn - Classification

Caractéristique - kah-rak-tay-rees-teek - Feature

Cible - see-bluh - Target

Erreur - eh-ruhr - Error

Algorithme - ahl-goh-reetm - Algorithm

Résidu - ray-zee-doo - Residual

Clustering - kloo-stair-eeng - Clustering

Dimensionnalité - dee-mahn-see-oh-nah-lee-tay - Dimensionality

Validation croisée - vah-lee-dah-see-ohn krwah-zay - Cross-validation

Surajustement - soor-ah-zhoost-mahn - Overfitting
Sous-ajustement - soo-zah-zhoost-mahn - Underfitting
Régularisation - ray-goo-lah-ree-zah-see-ohn - Regularization
Ensemble - ahn-sahmbl - Ensemble

Example Sentences
Le modèle apprend à partir de données étiquetées.
Luh moh-del ah-prahn ah pahr-teer duh doh-nay ay-tee-keh-tay.
The model learns from labeled data.

La classification regroupe des données similaires.
Lah klah-see-fee-kah-see-ohn ruh-groop day doh-nay see-mee-lair.
Classification groups similar data.

Le clustering identifie des motifs cachés.
Luh kloo-stair-eeng ee-dahn-teef day moh-teef kah-shay.
Clustering identifies hidden patterns.

La validation croisée réduit le surajustement.
Lah vah-lee-dah-see-ohn krwah-zay ray-dwee luh soor-ah-zhoost-mahn.
Cross-validation reduces overfitting.

Conversations
L'algorithme a-t-il besoin de données étiquetées ?
Lahl-goh-reetm ah-teel buh-zwahn duh doh-nay ay-tee-keh-tay ?
Does the algorithm need labeled data?

Non, c'est un apprentissage non supervisé.
Nohn, say tahn ah-pren-tis-ahzh nohn soo-pehr-vee-zay.
No, it's unsupervised learning.

Parfait, utilisons ces données brutes.
Pahr-fay, oo-tee-lee-zohn say doh-nay broot.
Perfect, let's use this raw data.

Pourquoi le modèle est-il inexact ?

Poor-kwah luh moh-del ay-teel een-ay-gzakt ?
Why is the model inaccurate?

Il souffre de surajustement.
Eel soofr duh soor-ah-zhoost-mahn.
It suffers from overfitting.

Ajoutons de la régularisation.
Ah-zhoo-tohn duh lah ray-goo-lah-ree-zah-see-ohn.
Let's add regularization.

Comment réduire la dimensionnalité ?
Koh-mahn ray-dweer lah dee-mahn-see-oh-nah-lee-tay ?
How to reduce dimensionality?

Utilisez une analyse en composantes principales.
Oo-tee-layz oon ah-nah-leez ahn kohm-poh-tahnt pran-see-pahl.
Use principal component analysis.

Cela accélérera l'entraînement.
Suh-lah ak-say-lay-ray-ra lahn-trehn-mahn.
That will speed up training.

DEEP LEARNING (CNNS, RNNS, TRANSFORMERS)

Vocabulary

Apprentissage profond - a-pren-ti-saj pro-fon - Deep learning

Réseau neuronal convolutif - ray-zo nur-ron-al kon-vo-lu-teef - Convolutional neural network (CNN)

Réseau neuronal récurrent - ray-zo nur-ron-al ray-kur-ron - Recurrent neural network (RNN)

Transformeur - trans-for-meur - Transformer

Couche - koosh - Layer

Neurone - nur-on - Neuron

Poids - pwa - Weight

Entraînement - on-tray-non - Training

Validation - va-lee-da-syon - Validation

Taux d'apprentissage - to da-pren-ti-saj - Learning rate

Perte - pert - Loss

Rétropropagation - ray-tro-pro-pa-ga-syon - Backpropagation

Séquentiel - say-kon-syel - Sequential

Atténuation - a-tay-nya-syon - Dropout

Attention - a-ton-syon - Attention

Tête d'attention - tet da-ton-syon - Attention head

Plongement - plonj-mon - Embedding

Régularisation - ray-gu-lar-ee-za-syon - Regularization

Gradient - gra-dee-on - Gradient

Optimiseur - op-tee-mee-zur - Optimizer

Example Sentences
Les CNN détectent les motifs dans les images.
Lay say-en-en day-tekt lay mo-teef don lay zee-maj.
CNNs detect patterns in images.

Les RNNs traitent les données séquentielles.
Lay er-en-en tray lay do-nay say-kon-syel.
RNNs process sequential data.

Les transformeurs utilisent l'attention.
Lay trans-for-meur u-ti-lee-z la-ton-syon.
Transformers use attention.

La perte diminue pendant l'entraînement.
La pert dee-mee-noo pon-don lon-tray-non.
Loss decreases during training.

Conversations
Conversation 1
Le modèle CNN a besoin de plus de couches.
Luh mo-del say-en-en a buh-zwan duh ploo duh koosh.
The CNN model needs more layers.

Augmentez les filtres convolutifs.
Og-mon-tay lay feel-truh kon-vo-lu-teef.
Increase the convolutional filters.

D'accord, je vais ajuster l'architecture.
Da-kor, zhuh vay a-zhoo-stay lar-shee-tek-tur.
Okay, I will adjust the architecture.

Conversation 2
Notre RNN sous-apprend les séquences longues.
No-truh er-en-en soo-za-pron lay say-kons long.
Our RNN underfits on long sequences.

Ajoutez une régularisation L2.
A-zhoo-tay oon ray-gu-lar-ee-za-syon L-deux.
Add L2 regularization.

Et réduisez le taux d'apprentissage.
Ay ray-dwee-zay luh to da-pren-ti-saj.
And reduce the learning rate.

Conversation 3
Le transformeur converge plus vite.
Luh trans-for-meur kon-verzh ploo veet.
The transformer converges faster.

Ses têtes d'attention capturent les dépendances.
Say tet da-ton-syon ka-toor lay day-pon-dons.
Its attention heads capture dependencies.

Oui, mais il exige beaucoup de données.
Wee, may zeel eg-zeeg bo-koo duh do-nay.
Yes, but it requires a lot of data.

NATURAL LANGUAGE PROCESSING (NLP)

Vocabulary

Traitement automatique du langage naturel - trah-teuh-mon oh-toh-ma-teek doo lahng-gahzh na-tu-rel - Natural Language Processing

Sémantique - say-mahn-teek - Semantics

Syntaxe - san-teeks - Syntax

Corpus - kor-pews - Corpus

Tokenisation - toh-keh-nee-zah-syon - Tokenization

Lemmatisation - leh-mah-tee-zah-syon - Lemmatization

Étiquetage morphosyntaxique - ay-teek-tahzh mor-fo-san-tak-seek - Part-of-Speech Tagging

Entité nommée - ahn-tee-tay noh-may - Named Entity

Analyse syntaxique - ah-nah-leez san-tak-seek - Parsing

Classification de textes - klah-see-fee-kah-syon deh tehkst - Text Classification

Traduction automatique - trah-dewk-syon oh-toh-ma-teek - Machine Translation

Analyse des sentiments - ah-nah-leez day sahn-tee-mon - Sentiment Analysis

Reconnaissance vocale - ruh-koh-neh-sahns voh-kahl - Speech Recognition

Génération de texte - zhay-nay-rah-syon deh tehkst - Text Generation

Mot vide - moh veed - Stop Word

Plongement lexical - plonzh-mon lehk-see-kahl - Word Embedding

Réseau de neurones - ray-zoh deh nuh-rohn - Neural Network
Apprentissage profond - ah-prahn-tee-sahzh pro-fon - Deep Learning
Interface utilisateur - an-ter-fahs ew-tee-lee-zah-tur - User Interface
Compréhension contextuelle - kom-pray-on-syon kon-tek-stew-chl - Contextual Understanding

Example Sentences
Les modèles de NLP améliorent la traduction automatique.
Lay moh-dehl deh ehn-el-pay ah-may-lyoor lah trah-dewk-syon oh-toh-ma-teek.
NLP models enhance machine translation.

La tokenisation segmente le texte en unités.
Lah toh-keh-nee-zah-syon sehg-mon luh tehkst ahn ew-nee-tay.
Tokenization segments text into units.

L'analyse des sentiments évalue les opinions.
Lah-nah-leez day sahn-tee-mon ay-vah-lew lay zoh-pee-nyon.
Sentiment analysis evaluates opinions.

Les mots vides sont filtrés avant le traitement.
Lay moh veed sohn feel-tray ah-von luh trah-teuh-mon.
Stop words are filtered before processing.

Conversations
Conversation 1
A: Comment fonctionne la reconnaissance vocale ?
Koh-mon fonk-syon lah ruh-koh-neh-sahns voh-kahl?
How does speech recognition work?

B: Elle convertit la parole en texte via des réseaux de neurones.
Ehl kon-ver-tee lah pah-rol ahn tehkst vee-ah day ray-zoh deh nuh-rohn.
It converts speech to text using neural networks.

C: L'apprentissage profond améliore sa précision.
Lah-prahn-tee-sahzh pro-fon ah-may-lyoor sah pray-see-zyon.

Deep learning improves its accuracy.

Conversation 2
A: Pourquoi utiliser la lemmatisation ?
Poor-kwah ew-tee-lee-zay lah leh-mah-tee-zah-syon?
Why use lemmatization?

B: Elle réduit les mots à leur racine pour l'analyse.
Ehl ray-dwee lay moh ah leur rah-seen poor lah-nah-leez.
It reduces words to their root for analysis.

C: Cela simplifie la compréhension contextuelle.
Suh-lah san-plee-fee lah kom-pray-on-syon kon-tek-stew-ehl.
That simplifies contextual understanding.

Conversation 3
A: Les entités nommées sont-elles importantes ?
Lay zahn-tee-tay noh-may sohn-tell am-por-tahnt?
Are named entities important?

B: Oui, elles identifient les noms propres dans les données.
Wee, ell zee-dahn-tee-fee lay nohm propr don lay doh-nay.
Yes, they identify proper nouns in data.

C: L'étiquetage morphosyntaxique les classe efficacement.
Lay-teek-tahzh mor-fo-san-tak-seek lay klahs ay-fee-kah-mon.
Part-of-speech tagging classifies them efficiently.

COMPUTER VISION (OBJECT DETECTION, SEGMENTATION)

Vocabulary

Détection - day-tek-syon - Detection

Segmentation - seg-mon-tah-syon - Segmentation

Boîte englobante - bwat ong-loh-bont - Bounding box

Masque - mahsk - Mask

Réseau de neurones - reh-zo duh nuh-ron - Neural network

Entraînement - on-tren-mon - Training

Inférence - an-fay-rons - Inference

Étiquette - ay-tee-ket - Label

Précision - pray-see-syon - Precision

Rappel - rah-pel - Recall

Instance - an-stons - Instance

Sémantique - say-mon-teek - Semantic

Contour - kon-toor - Contour

Ensemble de données - on-som-bl duh don-nay - Dataset

Évaluation - ay-val-wah-syon - Evaluation

Pixel - peek-sel - Pixel

Caractéristique - kah-rak-teer-ees-teek - Feature

Modèle - mo-del - Model

Objet - ob-zheh - Object

Classification - klas-see-fee-kah-syon - Classification

Example Sentences

Le modèle détecte les voitures dans l'image.

luh mo-del day-tekt lay vwa-tur don lee-mazh.
The model detects cars in the image.

La segmentation crée un masque pour chaque objet.
lah seg-mon-tah-syon kray uh mahsk poor shak ob-zheh.
Segmentation creates a mask for each object.

Nous évaluons la précision du réseau.
noo zay-val-oo lah pray-see-syon dew reh-zo.
We evaluate the network's precision.

L'inférence identifie les étiquettes rapidement.
lan-fay-rons ee-don-tee-fee lay zay-tee-ket rah-peed-mon.
Inference identifies labels quickly.

Conversations
A: Comment améliorons-nous le rappel pour les petits objets ?
B: Ajoutons plus d'images à l'ensemble de données d'entraînement.
C: Oui, et ajustons les boîtes englobantes manuellement.
ko-mo ah-may-lee-ay-roh-noo luh rah-pel poor lay puh-tee ob-zheh?
ah-zhoo-ton plew dee-mazh ah lon-som-bl duh don-nay don-tren-mon.
wee, ay ah-zhoo-ston lay bwat ong-loh-bont man-well-mon.
A: How do we improve recall for small objects?
B: Let's add more images to the training dataset.
C: Yes, and manually adjust the bounding boxes.

A: Pourquoi la segmentation sémantique est-elle lente ?
B: Le réseau de neurones traite chaque pixel en détail.
C: Optimisons les caractéristiques du modèle alors.
poor-kwa lah seg-mon-tah-syon say-mon-teek ay-tel lont?
luh reh-zo duh nuh-ron treet shak peek-sel on day-tie.
op-tee-mee-zon lay kah-rak-teer-ees-teek dew mo-del ah-lor.
A: Why is semantic segmentation slow?
B: The neural network processes each pixel in detail.
C: Let's optimize the model's features then.

A: L'évaluation montre une faible précision.
B: Vérifions les étiquettes des instances problématiques.
C: Bonne idée, corrigeons la classification ensuite.
lay-val-wah-syon mon-tr ewn feh-bl pray-see-syon.
vay-ree-fee-on lay zay-tee-ket day zan-stons pro-bleh-ma-teek.
bun ee-day, ko-ree-zhon lah klas-see-fee-kah-syon on-sweet.
A: The evaluation shows low precision.
B: Let's check the labels of problematic instances.
C: Good idea, then we'll correct the classification.

DATABASE SYSTEMS (SQL VS. NOSQL)

Vocabulary

Base de données - baz duh doh-nay - Database
Requête - reh-ket - Query
SGBD - ess-jay-bay-day - DBMS
Schéma - shay-ma - Schema
Clé primaire - clay pree-mair - Primary key
Clé étrangère - clay ay-trahn-zhair - Foreign key
Jointure - zhwan-toor - Join
Agrégation - ah-gray-gah-syon - Aggregation
Redondance - reh-don-dahns - Redundancy
Cohérence - ko-ay-rahns - Consistency
Disponibilité - dees-poh-nee-bee-lee-tay - Availability
Tolérance aux partitions - toh-lay-rahns oh par-tee-syon - Partition tolerance
Document - doh-koo-mahn - Document
Collection - koh-lek-syon - Collection
Scalabilité - skah-lah-bee-lee-tay - Scalability
Indexation - ahn-dek-sah-syon - Indexing
Intégrité - ahn-tay-gree-tay - Integrity
Transaction - trahn-sak-syon - Transaction
Dénormalisation - day-nor-mah-lee-zah-syon - Denormalization
Latence - lah-tahns - Latency
Débit - day-bee - Throughput

Example Sentences
Les bases SQL utilisent des schémas stricts.

Lay baz ess-kyu-el ew-tee-leez day shay-ma streek.
SQL databases use strict schemas.

NoSQL offre une scalabilité horizontale.
No-ess-kyu-el ofr ewn skah-lah-bee-lee-tay oh-ree-zon-tal.
NoSQL offers horizontal scalability.

La clé primaire identifie chaque enregistrement.
La clay pree-mair ee-dahn-tee-fee shak ahn-reh-zhees-truh-mahn.
The primary key identifies each record.

La cohérence est un compromis dans les systèmes distribués.
La ko-ay-rahns ay uhn kom-pro-mee dahn lay seest-ehm dees-tree-bew-ay.
Consistency is a trade-off in distributed systems.

Conversations
Quelle base choisir pour des données non structurées?
Kel baz shwa-zeer poor day doh-nay non struk-too-ray?
Which database to choose for unstructured data?

NoSQL, comme MongoDB, gère mieux les documents.
No-ess-kyu-el, kom Mon-go-DB, zhair myoo lay doh-koo-mahn.
NoSQL, like MongoDB, handles documents better.

Mais vérifiez les besoins en cohérence!
May vay-ree-fee-ay lay buh-zwan ahn ko-ay-rahns!
But check the consistency requirements!

Pourquoi éviter les jointures en NoSQL?
Poor-kwa ay-vee-tay lay zhwan-toor ahn No-ess-kyu-el?
Why avoid joins in NoSQL?

Elles impactent la performance dans les grandes bases.
El ahn-pakt lah pair-for-mahns dahn lay grahnd baz.
They impact performance in large databases.

Utilisez la dénormalisation à la place.
Ew-tee-lee-zay la day-nor-mah-lee-zah-syon ah la plas.
Use denormalization instead.

Comment assurer la disponibilité en cas de panne?
Kom-mohn ah-soo-ray lah dees-poh-nee-bee-lee-tay ahn kah
duh pan?
How to ensure availability during failures?

Avec la réplication dans plusieurs nœuds.
Ah-vek lah ray-plee-kah-syon dahn ploo-zyeur nuh.
With replication across multiple nodes.

Oui, mais cela augmente la latence réseau.
Wee, may suh-loh ohg-mawnt lah lah-tahns reh-zo.
Yes, but that increases network latency.

DATA WAREHOUSING & ETL PIPELINES

Vocabulary

Entrepôt de données - ahn-truh-poh duh don-nay - Data warehouse

Extraction - ek-strak-syon - Extraction

Transformation - trahns-for-mah-syon - Transformation

Chargement - sharzh-mahn - Loading

Source - soors - Source

Cible - see-bluh - Target

Schéma - shay-mah - Schema

Nettoyage - neh-twah-yahzh - Cleansing

Agrégation - ah-gray-gah-syon - Aggregation

Flux - flew - Flow

Métadonnées - may-tah-doh-nay - Metadata

Qualité des données - ka-lee-tay day don-nay - Data quality

Intégration - ahn-tay-grah-syon - Integration

Dédoublonnage - day-doo-bloh-nahzh - Deduplication

Journalisation - zhoor-nah-lee-zah-syon - Logging

Surveillance - soor-vay-lahns - Monitoring

Défaillance - day-fah-yahns - Failure

Traitement par lots - trayt-mahn par loh - Batch processing

Validation - vah-lee-dah-syon - Validation

Optimisation - ohp-tee-mee-zah-syon - Optimization

Example Sentences

L'extraction commence à minuit.

Pronunciation: lek-strak-syon koh-mahns ah mee-nwee

Translation: Extraction starts at midnight.

La transformation nettoie les données.
Pronunciation: lah trahns-for-mah-syon neh-twah lay don-nay
Translation: Transformation cleanses the data.

Le chargement échoue souvent.
Pronunciation: luh sharzh-mahn ay-shoo soo-vahn
Translation: Loading often fails.

La surveillance détecte les défaillances.
Pronunciation: lah soor-vay-lahns day-tekt lay day-fah-yahns
Translation: Monitoring detects failures.

Conversations
Conversation 1
A: Le flux ETL est bloqué.
Pronunciation: luh flew ay-tay-el ay bloh-kay
Translation: The ETL flow is stuck.

B: Vérifiez les métadonnées.
Pronunciation: vay-ree-fee-yay lay may-tah-doh-nay
Translation: Check the metadata.

A: J'ai trouvé une erreur de validation.
Pronunciation: zhay troo-vay ewn air-ruhr duh vah-lee-dah-syon
Translation: I found a validation error.

Conversation 2
A: La qualité des sources est mauvaise.
Pronunciation: lah ka-lee-tay day soors ay moh-vehz
Translation: The source data quality is poor.

B: Appliquez le dédoublonnage.
Pronunciation: ah-plee-kay luh day-doo-bloh-nahzh
Translation: Apply deduplication.

A: L'agrégation sera plus rapide.
Pronunciation: lah-gray-gah-syon suh-rah plew rah-peed
Translation: Aggregation will be faster.

Conversation 3

A: Le traitement par lots est lent.
Pronunciation: luh trayt-mahn par loh ay lahn
Translation: Batch processing is slow.

B: Optimisez le schéma cible.
Pronunciation: ohp-tee-mee-zay luh shay-mah see-bluh
Translation: Optimize the target schema.

A: Le chargement prendra moins de temps.
Pronunciation: luh sharzh-mahn prahn-drah mwan duh tahn
Translation: Loading will take less time.

TIME-SERIES DATA ANALYSIS

Vocabulary

Autocorrélation - o-to-ko-ray-la-syon - Autocorrelation

Saisonnalité - say-zo-na-lee-tay - Seasonality

Tendance - ton-dons - Trend

Lissage - lee-saj - Smoothing

Prévision - pray-vee-zyon - Forecasting

Résidu - ray-zee-doo - Residual

Erreur - e-rur - Error

Horizon - o-ree-zon - Horizon

Données chronologiques - do-nay kro-no-lo-zheek - Time-series data

Stationnarité - sta-syo-na-ree-tay - Stationarity

Variance - va-ree-ons - Variance

Modèle - mo-del - Model

Moyenne mobile - mwa-yen mo-beel - Moving average

Échantillon - ay-shon-tee-yon - Sample

Bruit - brwee - Noise

Corrélation - ko-ray-la-syon - Correlation

Détection d'anomalies - day-tek-syon da-no-ma-lee - Anomaly detection

Décomposition - day-kom-po-zee-syon - Decomposition

Lag - lag - Lag

Lissage exponentiel - lee-saj ek-spo-non-syel - Exponential smoothing

Example Sentences

La tendance montre une hausse constante.

- La ton-dons mont oon ohs kon-stont.
- The trend shows a constant rise.

Le lissage réduit le bruit dans les données.
- Luh lee-saj ray-dwee luh brwee don lay do-nay.
- Smoothing reduces noise in the data.

La saisonnalité affecte les ventes trimestrielles.
- La say-zo-na-lee-tay a-fekt lay vont tree-mes-tree-el.
- Seasonality affects quarterly sales.

Nous utilisons un modèle ARIMA pour la prévision.
- Noo zee-tee-lee-zon un mo-del a-ree-ma poor la pray-vee-zyon.
- We use an ARIMA model for forecasting.

Conversations
Conversation 1
A: Les résidus présentent-ils une autocorrélation ?
B: Oui, vérifiez le lag un pour confirmer.
C: Cela indique une dépendance temporelle.
- A: Lay ray-zee-doo pray-zont-eel oon o-to-ko-ray-la-syon?
- B: Wee, vay-ree-fee-ay luh lag un poor kon-feer-may.
- C: Suh-la an-deek oon day-pon-dons tom-po-rel.
- A: Do the residuals show autocorrelation?
- B: Yes, check lag one to confirm.
- C: This indicates temporal dependence.

Conversation 2
A: La variance est-elle stable ?
B: Non, appliquez une transformation logarithmique.
C: Cela améliorera la stationnarité.
- A: La va-ree-ons et-el stab?
- B: Non, a-plee-kay oon trons-for-ma-syon lo-ga-ree-tmeek.
- C: Suh-la a-may-lee-or-ra la sta-syo-na-ree-tay.
- A: Is the variance stable?
- B: No, apply a logarithmic transformation.
- C: This will improve stationarity.

Conversation 3

A: Pourquoi utiliser le lissage exponentiel ?

B: Pour capturer la saisonnalité récente.

C: Et éviter les erreurs de prévision.

- A: Poor-kwa oo-tee-lee-zay luh lee-saj ek-spo-non-syel?

- B: Poor kap-too-ray la say-zo-na-lee-tay ray-sont.

- C: Ay ay-vee-tay lay e-rur duh pray-vee-zyon.

- A: Why use exponential smoothing?

- B: To capture recent seasonality.

- C: And avoid forecasting errors.

CYBERSECURITY (ENCRYPTION, ZERO TRUST)

Vocabulary

Authentification - oh-tahn-tee-fee-kah-syon - Authentication

Chiffrement - shee-fruh-mahn - Encryption

Clé - klay - Key

Confiance zéro - kon-fee-ahns zay-ro - Zero Trust

Déchiffrer - day-shee-fray - Decrypt

Données sensibles - doh-nay sahn-see-bluh - Sensitive Data

Pare-feu - par-fuh - Firewall

Vérification - vay-ree-fee-kah-syon - Verification

Menace - muh-nahs - Threat

Risque - reesk - Risk

Intrusion - ahn-troo-zee-on - Intrusion

Accès - ak-say - Access

Identité - ee-dahn-tee-tay - Identity

Infrastructure - ahn-frah-strook-toor - Infrastructure

Vulnérabilité - vul-nay-rah-bee-lee-tay - Vulnerability

Chiffrer - shee-fray - Encrypt

Piratage - pee-rah-tahj - Hacking

Sécuriser - say-kew-ree-zay - Secure

Authentification multifactorielle - oh-tahn-tee-fee-kah-syon mool-tee-fak-tor-ee-el - Multi-Factor Authentication

Confidentialité - kon-fee-dahn-syah-lee-tay - Confidentiality

Example Sentences

Nous chiffrons les données sensibles.
noo shee-fray lay doh-nay sahn-see-bluh
We encrypt sensitive data.

La confiance zéro nécessite une vérification constante.
lah kon-fee-ahns zay-ro nay-say-seet ewn vay-ree-fee-kah-syon
kon-stahnt
Zero trust requires constant verification.

Utilisez l'authentification multifactorielle pour les accès
critiques.
ew-tee-lee-zay loh-tahn-tee-fee-kah-syon mool-tee-fak-tor-ee-el
poor lay zak-say kree-teek
Use multi-factor authentication for critical access.

Le pare-feu bloque les menaces externes.
luh par-fuh blok lay muh-nahs ek-stairn
The firewall blocks external threats.

Conversations
A: Pourquoi la confiance zéro est-elle importante?
poor-kwah lah kon-fee-ahns zay-ro ay-tel ahn-por-tahnt
Why is zero trust important?

B: Elle minimise les risques d'intrusion.
el mee-nee-meez lay reesk dahn-troo-zee-on
It minimizes intrusion risks.

A: Et elle vérifie chaque accès au réseau.
ay el vay-ree-fee shak ak-say oh ray-zo
And it verifies every network access.

A: Comment protéger les données en transit?
ko-mahn pro-tay-zhay lay doh-nay ahn trahn-zee
How to protect data in transit?

B: Chiffrez-les avec une clé robuste.
shee-fray-lay ah-vek ewn klay roh-boost

Encrypt them with a strong key.

A: Et stockez-les sur des serveurs sécurisés.
ay stoh-kay-lay sewr day sair-vuhr say-kew-ree-zay
And store them on secured servers.

A: Notre infrastructure a une vulnérabilité.
noht-ruh ahn-frah-strook-toor ah ewn vul-nay-rah-bee-lee-tay
Our infrastructure has a vulnerability.

B: Identifiez la menace rapidement.
ee-dahn-tee-fee-ay lah muh-nahs rah-peed-mahn
Identify the threat quickly.

A: Puis sécurisez le système.
pwee say-kew-ree-zay luh sees-tem
Then secure the system.

PENETRATION TESTING & ETHICAL HACKING

Vocabulary

Test d'intrusion - test dan-troo-zee-on - Penetration testing

Piratage éthique - pee-rah-tahzh ay-teek - Ethical hacking

Vulnérabilité - vool-nay-rah-bee-lee-tay - Vulnerability

Exploit - eks-plwah - Exploit

Pare-feu - pahr-fuh - Firewall

Chiffrement - shee-fruh-mon - Encryption

Hameçonnage - ah-muh-so-nahzh - Phishing

Rançongiciel - rahn-sohn-zhee-syel - Ransomware

Logiciel malveillant - loh-zhee-syel mahl-vay-yon - Malware

Correctif - koh-rek-teef - Patch

Porte dérobée - port duh-roh-bay - Backdoor

Authentification - oh-ton-tee-fee-kah-syon - Authentication

Balayage de ports - bah-lah-yazh duh por - Port scanning

Déni de service - day-nee duh sehr-vees - Denial of service

Ingénierie sociale - an-zhay-nee-ree soh-syahl - Social engineering

Audit de sécurité - oh-deet duh say-kyoor-ee-tay - Security audit

Attaque par force brute - ah-tak pahr fors broot - Brute force attack

Réseau - ray-zoh - Network

Sécurité - say-kyoor-ee-tay - Security

Intrusion - an-troo-zee-on - Intrusion

Example Sentences
Nous analysons les vulnérabilités du réseau.
noo zah-nah-lee-zohn lay vool-nay-rah-bee-lee-tay dew ray-zoh
We are analyzing network vulnerabilities.

Un correctif urgent est nécessaire pour ce logiciel malveillant.
uhn koh-rek-teef ur-zhon ay nay-say-sair poor suh loh-zhee-syel mahl-vay-yon
An urgent patch is needed for this malware.

L'hameçonnage cible souvent les mots de passe faibles.
lah-muh-so-nahzh see-bluh soo-von lay moh duh pahs feh-bluh
Phishing often targets weak passwords.

Le test d'intrusion a révélé une porte dérobée.
luh test dan-troo-zee-on ah ray-vay-lay ewn port duh-roh-bay
The penetration test revealed a backdoor.

Conversations
Le pare-feu bloque-t-il les attaques par déni de service ?
luh pahr-fuh blok-teel lay zah-tak pahr day-nee duh sehr-vees
Does the firewall block denial-of-service attacks?

Oui, mais vérifiez le chiffrement des données sensibles.
wee may vay-ree-fee-ay luh shee-fruh-mon day doh-nay son-see-bluh
Yes, but check the encryption of sensitive data.

Bien, je priorise l'audit de sécurité cette semaine.
bee-an zhuh pree-oh-reez loh-deet duh say-kyoor-ee-tay set suh-men
Good, I'll prioritize the security audit this week.

L'exploit a-t-il compromis notre authentification ?
leks-plwah ah-teel kohm-proh-mee noh-troh oh-ton-tee-fee-kah-syon
Did the exploit compromise our authentication?

Non, mais l'ingénierie sociale reste une menace.
noh may lan-zhay-nee-ree soh-syahl rest ewn muh-nas
No, but social engineering remains a threat.

Renforcez la formation contre le piratage éthique.
ron-for-say lah for-mah-syon kohn-truh luh pee-rah-tahzh ay-teek
Strengthen training against ethical hacking.

Le balayage de ports a détecté des anomalies.
luh bah-lah-yazh duh por ah day-tek-tay day zah-noh-mah-lee
The port scanning detected anomalies.

Utilisons-nous un rançongiciel dans le test d'intrusion ?
ew-tee-lee-zohn-noo uhn rahn-sohn-zhee-syel dahn luh test dan-troo-zee-on
Are we using ransomware in the penetration test?

Non, seulement pour simuler une attaque par force brute.
noh suhl-mon poor see-mew-lay ewn ah-tak pahr fors broot
No, only to simulate a brute force attack.

BLOCKCHAIN &
SMART CONTRACTS

Vocabulary

Blockchain - blok-chayn - Blockchain

Contrat intelligent - kon-tra ahn-tel-lee-jahn - Smart contract

Décentralisé - day-sahn-trah-lee-zay - Decentralized

Mineur - min-uhr - Miner

Jeton - zhuh-ton - Token

Portefeuille numérique - por-tuh-fuh-yuh noo-may-reek - Digital wallet

Preuve de travail - pruhv duh trah-vay - Proof of work

Preuve d'enjeu - pruhv dahn-zhuh - Proof of stake

Immuable - eem-moo-ah-bluh - Immutable

Oraclage - oh-rah-klahzh - Oraclage

Consensus - kon-sahn-suhs - Consensus

Cryptomonnaie - kreep-toh-moh-nay - Cryptocurrency

Clé privée - klay pree-vay - Private key

Clé publique - klay poo-bleek - Public key

Transaction - trahn-zak-syon - Transaction

Bloc - blok - Block

Résea - ray-zoh - Network

Exploiter - ek-splwah-tay - To mine

Validation - vah-lee-dah-syon - Validation

Interopérabilité - ahn-teh-roh-peh-rah-bee-lee-tay - Interoperability

Example Sentences

La blockchain enregistre les transactions de manière transparente.

Lah blok-chayn ahn-reh-zhis-truh lay trahn-zak-syon duh mahn-yair trahn-spair-ahnt.
The blockchain records transactions transparently.

Ce contrat intelligent automatise les paiements.
Suh kon-tra ahn-tel-lee-jahn oh-toh-mah-teez lay pay-mahn.
This smart contract automates payments.

Les mineurs valident les nouveaux blocs.
Lay min-uhr vah-leed lay noo-vo blok.
Miners validate new blocks.

La décentralisation renforce la sécurité.
Lah day-sahn-trah-lee-zah-syon rahn-fors lah say-kew-ree-tay.
Decentralization enhances security.

Conversations
A: Comment fonctionne un contrat intelligent ?
Koh-mahn fohnk-syon uhn kon-tra ahn-tel-lee-jahn ?
How does a smart contract work?

B: Il s'exécute automatiquement quand les conditions sont remplies.
Eel say-zek-oot oh-toh-mah-teek-mahn kahn lay kon-dee-syon sohn rahn-plee.
It executes automatically when conditions are met.

C: C'est fiable car il est immuable.
Say fee-ah-bluh kar eel ay-teem-moo-ah-bluh.
It's reliable because it's immutable.

A: Pourquoi utiliser un portefeuille numérique ?
Poor-kwah oo-tee-lee-zay uhn por-tuh-fuh-yuh noo-may-reek ?
Why use a digital wallet?

B: Pour stocker vos jetons en sécurité.
Poor stoh-kay voh zhuh-ton ahn say-kew-ree-tay.
To securely store your tokens.

C: Et contrôler vos clés privées.

Ay kon-troh-lay voh klay pree-vay.
And control your private keys.

A: La preuve d'enjeu consomme-t-elle moins d'énergie ?
Lah pruhv dahn-zhuh kon-som tell mwahn day-nair-zhee ?
Does proof of stake consume less energy?

B: Oui, elle est plus écologique que la preuve de travail.
Wee, el ay plew ay-koh-loh-zheek kuh lah pruhv duh trah-vay.
Yes, it's more eco-friendly than proof of work.

C: Le consensus est ainsi plus durable.
Luh kon-sahn-suhs ay-tahn-see plew dew-rah-bluh.
The consensus is thus more sustainable.

QUANTUM CRYPTOGRAPHY & POST-QUANTUM SECURITY

Vocabulary

Chiffrement quantique - shee-fruh-mon kahn-teek - Quantum encryption

Clé quantique - clay kahn-teek - Quantum key

Protocole BB84 - proh-toh-kohl bay-bay-kah-truh-van - BB84 protocol

Intrication quantique - ahn-tree-kah-syohn kahn-teek - Quantum entanglement

Cryptographie post-quantique - kreep-toh-grah-fee pohst-kahn-teek - Post-quantum cryptography

Résistance quantique - ray-zee-stahns kahn-teek - Quantum resistance

Attaque par force brute - ah-tahk pahr forss brewt - Brute-force attack

Signature numérique - see-nyah-tewr new-may-reek - Digital signature

Échange de clés - ay-shahnzh duh clay - Key exchange

Confidentialité - kohn-fee-dehn-syah-lee-tay - Confidentiality

Intégrité des données - ahn-tay-gree-tay day doh-nay - Data integrity

Algorithme lattice - al-goh-reetm lah-tees - Lattice-based algorithm

Certificat quantique - sehr-tee-fee-kah kahn-teek - Quantum certificate
Interception - ahn-tehr-sep-syohn - Interception
Authentification mutuelle - oh-tahn-tee-fee-kah-syohn mew-tew-ell - Mutual authentication
Réseau sécurisé - ray-zoh say-kew-ree-zay - Secure network
Vulnérabilité - vew-nay-rah-bee-lee-tay - Vulnerability
Chiffrement asymétrique - shee-fruh-mon ah-see-may-treek - Asymmetric encryption
Déchiffrement - day-shee-fruh-mon - Decryption
Résilience aux attaques - ray-zee-lee-ahns oh zah-tahk - Attack resilience

Example Sentences
La cryptographie quantique protège contre les écoutes.
lah kreep-toh-grah-fee kahn-teek proh-tezh kohn-truh lay zay-koot.
Quantum cryptography protects against eavesdropping.

Les clés quantiques utilisent l'intrication.
lay clay kahn-teek ew-tee-leez lahn-tree-kah-syohn.
Quantum keys use entanglement.

Nous migrons vers des algorithmes post-quantiques.
noo mee-grohn vair day zal-goh-reetm pohst-kahn-teek.
We are migrating to post-quantum algorithms.

L'authentification mutuelle est essentielle.
loh-tahn-tee-fee-kah-syohn mew-tew-ell eh tay-sahn-see-ell.
Mutual authentication is essential.

Conversations
A: La distribution de clés quantiques est-elle fiable ?
B: Oui, grâce au protocole BB84.
C: Vérifiez l'intégrité régulièrement.

Pronunciation:
A: lah dees-tree-bew-syohn duh clay kahn-teek eh-tell fee-ahbl?

B: wee, grahss oh proh-toh-kohl bay-bay-kah-truh-van.
C: vay-ree-fee-yay lahn-tay-gree-tay ray-gew-lee-ayr-mon.

Translation:
A: Is quantum key distribution reliable?
B: Yes, thanks to the BB84 protocol.
C: Verify integrity regularly.

A: Ces données nécessitent une sécurité post-quantique.
B: Optons pour un algorithme lattice.
C: Évitons les vulnérabilités futures.

Pronunciation:
A: say doh-nay nay-say-see-tair ewn say-kew-ree-tay pohst-kahn-teek.
B: op-tohn poor uhn al-goh-reetm lah-tees.
C: ay-vee-tohn lay vew-nay-rah-bee-lee-tay few-tewr.

Translation:
A: This data requires post-quantum security.
B: Let's choose a lattice-based algorithm.
C: We avoid future vulnerabilities.

A: L'attaque par force brute menace notre système.
B: Passons au chiffrement asymétrique.
C: La résilience aux attaques s'améliorera.

Pronunciation:
A: lah-tahk pahr forss brewt muh-nahss noh-truh see-stehm.
B: pah-sohn oh shee-fruh-mon ah-see-may-treek.
C: lah ray-zee-lee-ahns oh zah-tahk sah-may-lee-oh-ray-rah.

Translation:
A: The brute-force attack threatens our system.
B: Let's switch to asymmetric encryption.
C: Attack resilience will improve.

IDENTITY & ACCESS MANAGEMENT (IAM)

Vocabulary

Identité - ee-dahn-tee-tay - Identity

Authentification - oh-tahn-tee-fee-kah-syohn - Authentication

Autorisation - oh-toh-ree-zah-syohn - Authorization

Mot de passe - moh duh pahs - Password

Jetons - zhuh-tohn - Tokens

Rôle - rohl - Role

Permission - pehr-mee-syohn - Permission

Compte - kohnt - Account

Utilisateur - oo-tee-lee-zah-tuhr - User

Groupe - groop - Group

Fournisseur d'identité - fohr-nee-suhr dee-dahn-tee-tay - Identity Provider

Répertoire - ray-pehr-twar - Directory

Fédération d'identité - fay-day-rah-syohn dee-dahn-tee-tay - Identity Federation

Authentification multifacteur - oh-tahn-tee-fee-kah-syohn mool-tee-fahk-tuhr - Multi-Factor Authentication

Contrôle d'accès - kohn-trohl dahk-say - Access Control

Politique de sécurité - poh-lee-tees duh say-koo-ree-tay - Security Policy

Provisionnement - proh-vee-zyohn-mahn - Provisioning

Désactivation - day-zahk-tee-vah-syohn - Deactivation

Audit - oh-deet - Audit

Conformité - kohn-for-mee-tay - Compliance

Example Sentences

L'utilisateur doit réinitialiser son mot de passe.

Loo-tee-lee-zah-tuhr dwa ray-ee-nee-see-ah-lay sohn moh duh pahs.

The user must reset their password.

Activez l'authentification multifacteur pour ce compte.

Ahk-tee-vay loh-tahn-tee-fee-kah-syohn mool-tee-fahk-tuhr poor suh kohnt.

Enable multi-factor authentication for this account.

Vérifiez les permissions du rôle administrateur.

Vay-ree-fyay lay pehr-mee-syohn duh rohl ahd-mee-nee-strah-tuhr.

Check the administrator role permissions.

L'audit de conformité est requis trimestriellement.

Loh-deet duh kohn-for-mee-tay eh ruh-kee tree-mes-tree-el-mahn.

The compliance audit is required quarterly.

Conversations

A: Le fournisseur d'identité est-il configuré ?

B: Oui, la fédération d'identité est opérationnelle.

C: Parfait, contrôlez les accès des groupes.

Luh fohr-nee-suhr dee-dahn-tee-tay eh-teel kohn-fee-guh-ray?

Wee, lah fay-day-rah-syohn dee-dahn-tee-tay eh oh-pay-rah-syoh-nel.

Pahr-fay, kohn-troh-lay lay zahk-say day groop.

A: Is the identity provider configured?

B: Yes, identity federation is operational.

C: Perfect, monitor the groups' access.

A: Mon compte est désactivé.

B: Vérifiez le provisionnement dans le répertoire.

C: J'ai besoin d'un nouveau rôle.

Mohn kohnt eh day-zahk-tee-vay.

Vay-ree-fyay luh proh-vee-zyohn-mahn dahn luh ray-pehr-twar.

Zhay buh-swahn duhn noh-vo rohl.

A: My account is deactivated.
B: Check the provisioning in the directory.
C: I need a new role.

A: La politique de sécurité est-elle mise à jour ?
B: Oui, les jetons d'accès sont renforcés.
C: Ajoutez l'autorisation pour l'équipe.
Lah poh-lee-tees duh say-koo-ree-tay eh-tel meez ah zhoor?
Wee, lay zhuh-tohn dahk-say sohn rahn-for-say.
Ah-zhoo-tay loh-toh-ree-zah-syohn poor lay-kee-puh.
A: Is the security policy updated?
B: Yes, access tokens are strengthened.
C: Add authorization for the team.

PRIVACY LAWS (GDPR, CCPA COMPLIANCE)

Vocabulary

Données personnelles - doh-nay pair-so-nel - Personal data

Consentement - kon-seh-seh-mon - Consent

Traitement - tray-toh-mon - Processing

Responsable du traitement - res-pon-sah-bl dew tray-toh-mon - Data controller

Sous-traitant - soo-tray-ton - Processor

Violation de données - vee-o-lah-syon deh doh-nay - Data breach

Délégué à la protection des données - day-lay-gay ah lah pro-tek-syon day doh-nay - Data Protection Officer (DPO)

RGPD - air-zhey-pay-day - GDPR

CCPA - say-say-pay-ah - CCPA

Vie privée - vee pree-vay - Privacy

Droit d'accès - drwah dak-seh - Right of access

Portabilité - por-tah-bee-lee-tay - Portability

Oubli - oo-blee - Right to be forgotten

Confidentialité - kon-fee-dee-on-see-lee-tay - Confidentiality

Notification - no-tee-fee-kah-syon - Notification

Sécurité - say-kew-ree-tay - Security

Analyse d'impact - ah-nah-leez dam-pakt - Impact assessment

Registre des traitements - re-zhee-struh day tray-toh-mon - Processing register

Autorité de contrôle - oh-toh-ree-tay deh kon-trol - Supervisory authority

Consentement explicite - kon-seh-seh-mon ek-splee-seet - Explicit consent

Example Sentences
Le consentement explicite est requis pour le traitement.
Luh kon-seh-seh-mon ek-splee-seet ay ruh-kee poor luh tray-toh-mon.
Explicit consent is required for processing.

Notre DPO surveille la conformité au RGPD.
Not-ruh day-pay-o sewr-vey lah kon-for-mee-tay oh air-zhey-pay-day.
Our DPO monitors GDPR compliance.

En cas de violation de données, la notification est obligatoire.
On kah deh vee-o-lah-syon deh doh-nay, lah no-tee-fee-kah-syon ay oh-blee-gah-twar.
In case of a data breach, notification is mandatory.

Les utilisateurs ont un droit à la portabilité.
Lay-zew-tee-lee-sa-tuhr on un drwah ah lah por-tah-bee-lee-tay.
Users have a right to portability.

Conversations
Avez-vous mis à jour le registre des traitements ?
Ah-vay voo mee zah-joor luh re-zhee-struh day tray-toh-mon?
Have you updated the processing register?

Oui, j'ai ajouté le nouveau traitement de données.
Wee, zhay ah-zhoo-tay luh noo-vo tray-toh-mon deh doh-nay.
Yes, I added the new data processing activity.

Bien. Vérifiez la sécurité avec l'équipe IT.
Bee-en. Vay-ree-fee-yay lah say-kew-ree-tay ah-vek lay-keep ee-tay.
Good. Verify security with the IT team.

Le sous-traitant respecte-t-il le RGPD ?
Luh soo-tray-ton res-pekt-teel luh air-zhey-pay-day?
Does the processor comply with GDPR?

Oui, leur politique de confidentialité est conforme.
Wee, luhr po-lee-teek deh kon-fee-dee-on-see-lee-tay ay kon-form.
Yes, their confidentiality policy is compliant.

Parfait. Envoyez le contrat de sous-traitance.
Par-fay. On-vwa-yay luh kon-trah deh soo-tray-tons.
Perfect. Send the processor agreement.

Comment gérons-nous les demandes d'oubli CCPA ?
Ko-mon zhay-ron-noo lay deh-mond doo-blee say-say-pay-ah?
How do we handle CCPA deletion requests?

Par un processus automatisé en trente jours.
Par un pro-seh-suh oh-toh-mah-tee-zay on tront zhoor.
Through an automated process within thirty days.

Assurez-vous d'inclure cette option sur le site.
Ah-shew-ray voo dan-klew-ray set op-syon sewr luh seet.
Ensure this option is included on the website.

THREAT INTELLIGENCE & INCIDENT RESPONSE

Vocabulary

Menace - meh-nass - Threat
Cyberattaque - see-bair-a-tak - Cyberattack
Incident - an-see-dahn - Incident
Vulnérabilité - vul-nay-ra-bee-lee-tay - Vulnerability
Indicateur de compromission (IoC) - an-dee-ka-tuhr duh kom-pro-mee-syon - Indicator of Compromise (IoC)
Risque - reesk - Risk
Enquête - ahn-ket - Investigation
Détection - day-tek-syon - Detection
Containement - kon-tayn-mahn - Containment
Éradication - ay-ra-dee-ka-syon - Eradication
Rétablissement - ray-tah-bleess-mahn - Recovery
Veille - vay - Threat Intelligence (Monitoring)
Renseignement sur les menaces - rahn-seh-nyuh-mahn sur lay meh-nass - Threat Intelligence
Réponse à incident - ray-pons ah an-see-dahn - Incident Response
Analyse - a-na-leez - Analysis
Impact - am-pakt - Impact
Correctif - kor-rek-teef - Patch
Journal - zhoor-nal - Log
Sécurité - say-kyoo-ray-tay - Security

Attaquant - a-ta-kahn - Attacker

Example Sentences

L'équipe surveille les indicateurs de compromission.
Lay-keep sur-vay lay zan-dee-ka-tuhr duh kom-pro-mee-syon.
The team monitors the indicators of compromise.

Nous devons appliquer un correctif pour la vulnérabilité.
Noo duh-vohn za-plee-kay uhn kor-rek-teef poor la vul-nay-ra-
bee-lee-tay.
We need to apply a patch for the vulnerability.

Le containment de l'attaque est prioritaire.
Luh kon-tayn-mahn duh la-tak ay pree-or-ee-tair.
Containment of the attack is the priority.

L'analyse du journal a confirmé l'intrusion.
La-na-leez du zhoor-nal a kon-fir-may lan-true-zee-on.
Analysis of the log confirmed the intrusion.

Conversations

Avez-vous reçu l'alerte de menace ?
A-vay voo ruh-soo la-lairt duh meh-nass?
Did you receive the threat alert?

Oui, nous analysons l'indicateur de compromission.
Wee, noo za-na-lee-zohn lan-dee-ka-tuhr duh kom-pro-mee-
syon.
Yes, we are analyzing the indicator of compromise.

Déclenchez la procédure de réponse à incident.
Day-klahn-shay la pro-say-dyoor duh ray-pons ah an-see-dahn.
Activate the incident response procedure.

Quel est l'impact de la cyberattaque ?
Kel ay lam-pakt duh la see-bair-a-tak?
What is the impact of the cyberattack?

L'attaque a exploité une vulnérabilité connue.
La-ta-kah ay ex-plwa-tay oon vul-nay-ra-bee-lee-tay kon-oo.
The attack exploited a known vulnerability.

L'éradication est en cours, puis nous ferons le rétablissement.
Lay-ra-dee-ka-syon ay on koor, pwee noo fer-on luh ray-tah-
bleess-mahn.
Eradication is underway, then we will do the recovery.

La veille a détecté une nouvelle campagne.
La vay ah day-tek-tay oon noo-vel kam-pan-yuh.
Threat intelligence detected a new campaign.

Identifiez les systèmes à risque immédiatement.
Ee-dahn-tee-fee-ay lay seest-em ah reesk ee-may-dee-at-mahn.
Identify the at-risk systems immediately.

Le containment est actif pour limiter les dégâts.
Luh kon-tayn-mahn ay tak-teef poor lee-mee-tay lay day-gah.
Containment is active to limit the damage.

SECURE SOFTWARE DEVELOPMENT LIFECYCLE (SSDLC)

Vocabulary

Authentification - oh-ten-tee-fee-kah-syon - Authentication

Autorisation - oh-toh-ree-zah-syon - Authorization

Chiffrement - shee-fruh-mon - Encryption

Déchiffrement - day-shee-fruh-mon - Decryption

Vulnérabilité - vool-nay-rah-bee-lee-tay - Vulnerability

Menace - muh-nahs - Threat

Contremesure - kon-truh-muh-zyoor - Countermeasure

Audit - oh-dee - Audit

Intégrité - an-tay-gree-tay - Integrity

Disponibilité - dees-poh-nee-bee-lee-tay - Availability

Confidentialité - kon-fee-dehn-syah-lee-tay - Confidentiality

Risque - reesk - Risk

Pare-feu - par-fuh - Firewall

Correctif - kor-ek-teef - Patch

Analyse statique - ah-nah-leez stah-teek - Static Analysis

Analyse dynamique - ah-nah-leez dee-nah-meek - Dynamic Analysis

Test d'intrusion - test dan-troo-zyon - Penetration Testing

Validation - vah-lee-dah-syon - Validation

Correction - kor-ek-syon - Remediation

Exigence - eg-zee-zhons - Requirement

Example Sentences

L'analyse des risques identifie les menaces potentielles.
Lah-nah-leez day reesk ee-den-tee-fee lay muh-nahs po-ten-shee-el.
Risk analysis identifies potential threats.

Le chiffrement protège la confidentialité des données.
Luh shee-fruh-mon proh-tehzh lah kon-fee-dehn-syah-lee-tay day doh-nay.
Encryption protects data confidentiality.

Appliquez le correctif pour corriger la vulnérabilité.
Ah-plee-kay luh kor-ek-teef poor kor-ee-zhay lah vool-nay-rah-bee-lee-tay.
Apply the patch to fix the vulnerability.

L'audit de sécurité valide les contrôles.
Loh-dee duh say-kew-ree-tay vah-leed lay kon-trol.
The security audit validates controls.

Conversations
Conversation 1
A: Quand réalisez-vous l'analyse statique du code ?
Kan ray-ah-lee-zay voo lah-nah-leez stah-teek dew kod ?
When do you perform static code analysis?

B: Durant la phase de développement, avant les tests.
Dew-ron lah fahz duh day-vuh-lop-mon, ah-von lay test.
During the development phase, before testing.

C: Elle détecte les vulnérabilités tôt.
El day-tekt lay vool-nay-rah-bee-lee-tay toh.
It detects vulnerabilities early.

Conversation 2
A: Le pare-feu bloque-t-il les attaques externes ?
Luh par-fuh blok-teel lay zah-tak ek-stern ?
Does the firewall block external attacks?

B: Oui, c'est une contremesure essentielle.

Wee, set ewn kon-truh-muh-zyoor eh-son-syel.
Yes, it's an essential countermeasure.

C: Vérifiez son intégrité régulièrement.
Vay-ree-fee-ay son an-tay-gree-tay ray-zhay-lee-ay-mon.
Verify its integrity regularly.

Conversation 3
A: Quelles sont les exigences de sécurité pour ce module ?
Kel son lay zeg-zee-zhons duh say-kew-ree-tay poor suh mo-dewl ?
What are the security requirements for this module?

B: Validation des entrées et chiffrement obligatoire.
Vah-lee-dah-syon day zon-tray ay shee-fruh-mon oh-blee-gah-twar.
Input validation and mandatory encryption.

C: Documentez-les dans le cycle SSDLC.
Dok-ew-mon-tay lay don luh seekl SSDLC.
Document them in the SSDLC cycle.

QUANTUM COMPUTING (QUBITS, QUANTUM ALGORITHMS)

Vocabulary

Qubit - ku-bit - Qubit

Superposition - soo-pair-po-zee-syon - Superposition

Intrication quantique - an-tree-ka-syon kwan-teek - Quantum Entanglement

Porte quantique - port kwan-teek - Quantum Gate

Algorithme quantique - al-go-reetm kwan-teek - Quantum Algorithm

Calcul quantique - kal-kul kwan-teek - Quantum Computing

État quantique - ay-ta kwan-teek - Quantum State

Circuit quantique - seer-kwee kwan-teek - Quantum Circuit

Téléportation quantique - tay-lay-por-ta-syon kwan-teek - Quantum Teleportation

Décohérence - day-ko-ay-rahns - Decoherence

Fidélité - fee-day-lee-tay - Fidelity

Porte de Hadamard - port duh a-da-mar - Hadamard Gate

Porte CNOT - port say-not - CNOT Gate

Correction d'erreur quantique - ko-rek-syon der-rer kwan-teek - Quantum Error Correction

Ordinateur quantique - or-dee-na-ter kwan-teek - Quantum Computer

Supraconducteur - soo-pra-kon-duk-ter - Superconductor

Cryostat - kree-o-stat - Cryostat
Informatique quantique - an-for-ma-teek kwan-teek - Quantum Computing (field)
Calcul classique - kal-klik kla-seek - Classical Computing
Bruit quantique - brwee kwan-teek - Quantum Noise

Example Sentences
Les qubits utilisent la superposition.
- lay ku-bit ew-tee-leez la soo-pair-po-zee-syon.
- Qubits use superposition.

L'algorithme de Shor est quantique.
- lal-go-reetm duh Shor ay kwan-teek.
- Shor's algorithm is quantum.

La décohérence affecte les états quantiques.
- la day-ko-ay-rahns a-fekt lay zay-ta kwan-teek.
- Decoherence affects quantum states.

Nous construisons un circuit quantique.
- noo kon-stree-zohn un seer-kwee kwan-teek.
- We are building a quantum circuit.

Conversations
A: Comment fonctionne un qubit ?
- ko-mohn funk-syun uh ku-bit ?
- How does a qubit work?

B: Il utilise la superposition et l'intrication.
- eel ew-tee-leez la soo-pair-po-zee-syon ay lan-tree-ka-syon.
- It uses superposition and entanglement.

A: C'est différent d'un bit classique.
- say dee-fay-rahn dun bit kla-seek.
- It's different from a classical bit.

A: Pourquoi les portes quantiques sont-elles importantes ?
- poor-kwa lay port kwan-teek sohn-tel am-por-tahnt ?

- Why are quantum gates important?

B: Elles manipulent les états des qubits.
- el ma-nee-pewl lay zay-ta day ku-bit.
- They manipulate qubit states.

A: Comme la porte CNOT ou Hadamard.
- kom la port say-not oo a-da-mar.
- Like the CNOT or Hadamard gate.

A: Qu'est-ce que la correction d'erreur quantique ?
- kes-kuh la ko-rek-syon der-rer kwan-teek ?
- What is quantum error correction?

B: Elle protège les qubits du bruit quantique.
- el pro-tezh lay ku-bit dew brwee kwan-teek.
- It protects qubits from quantum noise.

A: Essentiel pour les ordinateurs quantiques.
- ay-sen-syel poor lay zor-dee-na-ter kwan-teek.
- Essential for quantum computers.

ROBOTICS (SLAM, ACTUATORS, SENSORS)

Vocabulary

Capteur - kap-tur - Sensor

Actionneur - ak-syoh-nur - Actuator

SLAM - slam - Simultaneous Localization and Mapping

Lidar - lee-dar - Lidar

Odométrie - o-do-may-tree - Odometry

Asservissement - a-ser-vees-mon - Servo Control

Cinématique - see-nay-ma-teek - Kinematics

Dynamique - dee-na-meek - Dynamics

Perception - per-sep-syon - Perception

Navigation - na-vee-ga-syon - Navigation

Robotique - ro-bo-teek - Robotics

Algorithme - al-go-reetm - Algorithm

Mouvement - moov-mon - Movement

Positionnement - po-zi-syon-mon - Positioning

Télémétrie - tay-lay-may-tree - Telemetry

Codeur - ko-dur - Encoder

Commande - ko-mand - Control

Réseau de neurones - ray-zo duh nur-on - Neural Network

Trajectoire - tra-zhek-twar - Trajectory

Estimation - es-tee-ma-syon - Estimation

Example Sentences

Le robot utilise des capteurs pour éviter les obstacles.

luh ro-bo u-teel day kap-tur poor e-vi-tay lay ob-sta-kl
The robot uses sensors to avoid obstacles.

Les actionneurs convertissent les signaux électriques en mouvement.
lay zak-syoh-nur kon-ver-tees lay seen-yo ay-lek-tree-ken ahn moov-mon
Actuators convert electrical signals into movement.

Le SLAM permet au robot de se localiser et de cartographier son environnement.
luh slam per-meh oh ro-bo duh suh lo-ka-lee-zay ay duh kar-to-gra-fee-ay son on-vee-ron-mon
SLAM allows the robot to localize itself and map its environment.

Un algorithme de contrôle ajuste la trajectoire du robot.
un al-go-reetm duh kon-trol a-zhust la tra-zhek-twar dew ro-bo
A control algorithm adjusts the robot's trajectory.

Conversations
A: Les capteurs Lidar sont essentiels pour la navigation autonome.
lay kap-tur lee-dar son es-on-syel poor la na-vee-ga-syon o-to-nom
Lidar sensors are essential for autonomous navigation.

B: Oui, ils fournissent des données précises pour le SLAM.
wee, eel foor-nees day do-nay pray-seez poor luh slam
Yes, they provide accurate data for SLAM.

A: Exactement, sans cela, le robot ne pourrait pas se localiser.
eg-zak-te-mon, san suh-la, luh ro-bo nuh poo-ray pa suh lo-ka-lee-zay
Exactly, without that, the robot couldn't localize itself.

A: Comment les actionneurs influencent-ils la dynamique du robot?
ko-mon lay zak-syoh-nur an-fly-on-seel la dee-na-meek dew ro-

bo
How do actuators influence the robot's dynamics?

B: Ils génèrent les forces et les mouvements nécessaires.
eel zhay-nair lay for-s ay lay moov-mon nay-ses-air
They generate the necessary forces and movements.

A: Je comprends, donc leur précision est cruciale.
zhuh kom-prahn, donk lur pray-see-zjon eh crew-shal
I understand, so their precision is crucial.

A: L'odométrie est-elle suffisante pour le positionnement?
lo-do-may-tree eh-tel soo-fee-zont poor luh po-zi-syon-mon
Is odometry sufficient for positioning?

B: Non, elle accumule des erreurs. On utilise des capteurs
supplémentaires.
non, el a-ku-mewl day zair-ur. on u-teel day kap-tur sew-play-
mon-tair
No, it accumulates errors. We use additional sensors.

A: C'est pourquoi le SLAM intègre plusieurs sources de données.
say poor-kwa luh slam an-teg-ruh plu-zee-ur sor-s duh do-nay
That's why SLAM integrates multiple data sources.

5G/6G & WIRELESS TECHNOLOGIES

Vocabulary
Réseau - ray-zo - Network
Latence - la-tahns - Latency
Débit - day-bee - Throughput
Antenne - an-ten - Antenna
Spectre - spek-truh - Spectrum
Fréquence - fray-kahns - Frequency
Ondes millimétriques - ohnd mee-lee-may-treek - Millimeter waves
Virtualisation - veer-twah-lee-zah-syon - Virtualization
Cryptage - kree-tahzh - Encryption
Interférence - an-tair-fay-rahns - Interference
Cellule - sell-ool - Cell (network cell)
MIMO (Multiple-Input Multiple-Output) - mee-moh - MIMO
Déploiement - day-plwah-mahn - Deployment
Roaming - roh-ming - Roaming
IoT (Internet des Objets) - ee-oh-tay - IoT (Internet of Things)
Fibre optique - fee-bruh op-teek - Fiber optic
Réseau maillé - ray-zo my-ay - Mesh network
Cloud - klowd - Cloud (computing)
6G (sixième génération) - sees-yem zhay-nay-rah-syon - 6G (sixth generation)
Sans fil - san-feel - Wireless

Example Sentences
La 5G réduit la latence.
La sank zhay-m ray-dwee la la-tahns.

5G reduces latency.

L'antenne MIMO améliore le débit.
Lan-ten mee-moh am-ay-lee-or luh day-bee.
The MIMO antenna improves throughput.

La 6G utilisera les ondes millimétriques.
La sees-yem zhay-m ew-tee-lee-rah lay zohnd mee-lee-may-treek.
6G will use millimeter waves.

Le cryptage protège les données IoT.
Luh kree-tahzh proh-tezh lay doh-nay ee-oh-tay.
Encryption protects IoT data.

Conversations
A: Quand le déploiement de la 6G commencera-t-il?
Kahn luh day-plwah-mahn duh la sees-yem zhay-m koh-mahn-suh-ra-teel?
When will 6G deployment begin?
B: Probablement vers 2030.
Proh-bah-bluh-mahn vair deu-meel-truhnt.
Likely around 2030.
A: La latence sera-t-elle plus faible?
La la-tahns suh-ra-tel ploo faybl?
Will latency be lower?

A: Pourquoi la fibre optique pour la 5G?
Poor-kwa la fee-bruh op-teek poor la sank zhay-m?
Why fiber optic for 5G?
B: Pour un débit élevé vers les antennes.
Poor uhn day-bee el-vay vair lay zan-ten.
For high throughput to antennas.
A: Et le sans fil dans le dernier kilomètre?
Ay luh san-feel dahn luh dair-nee-ay kee-loh-metr?
And wireless for the last mile?

A: Les interférences affectent-elles le spectre?

103

Lay zan-tair-fay-rahns af-ekt-tel luh spek-truh?
Do interferences affect the spectrum?
B: Oui, surtout en zone urbaine.
Wee, soor-too ahn zohn ur-ben.
Yes, especially in urban areas.
A: Le réseau maillé peut-il aider?
Luh ray-zo my-ay puh-teel ay-day?
Can a mesh network help?

AUGMENTED/ VIRTUAL REALITY (AR/VR)

Vocabulary

Réalité augmentée - ray-ah-lee-tay ohg-mon-tay - Augmented reality

Réalité virtuelle - ray-ah-lee-tay veer-too-el - Virtual reality

Casque - kahsk - Headset

Immersion - ee-mair-see-on - Immersion

Interaction - een-ter-ak-see-on - Interaction

Environnement virtuel - on-veer-on-mon veer-too-el - Virtual environment

Avatar - ah-vah-tar - Avatar

Hologramme - oh-loh-gram - Hologram

Simulation - see-moo-lah-see-on - Simulation

Contrôleur - kon-troh-lur - Controller

Gant haptique - gon ap-teek - Haptic glove

Tracking - tra-king - Tracking

Champ de vision - shon duh vee-zee-on - Field of view

Latence - lah-tons - Latency

Rendu - ron-doo - Rendering

Réalité mixte - ray-ah-lee-tay meekst - Mixed reality

Profondeur - pro-fon-dur - Depth

Réseau - ray-zoh - Network

Sensation - son-sah-see-on - Sensation

Interface - een-ter-fahs - Interface

Example Sentences

Le casque offre une immersion totale.
luh kahsk ofr oon ee-mair-see-on toh-tal
The headset offers total immersion.

L'interface est intuitive pour les débutants.
leen-ter-fahs ay een-too-ee-teev poor lay day-boo-ton
The interface is intuitive for beginners.

La latence affecte le confort.
lah lah-tons ah-fekt luh kon-for
Latency affects comfort.

Nous testons un nouvel environnement virtuel.
noo tes-ton uhn noo-vel on-veer-on-mon veer-too-el
We are testing a new virtual environment.

Conversations

As-tu essayé le casque de réalité mixte ?
ah-too ay-say-ay luh kahsk duh ray-ah-lee-tay meekst
Have you tried the mixed reality headset?

Oui, le tracking est très précis.
wee luh tra-king ay tray pray-see
Yes, the tracking is very precise.

L'immersion est incroyable !
lee-mair-see-on ay tan-kwah-yabl
The immersion is incredible!

Comment fonctionne le gant haptique ?
ko-mon fonk-see-on luh gon ap-teek
How does the haptic glove work?

Il simule la sensation du toucher.
eel see-mool lah son-sah-see-on doo too-shay
It simulates the sensation of touch.

C'est essentiel pour la formation.

say es-on-see-el poor lah for-mah-see-on
It's essential for training.

La latence cause des nausées en VR.
lah lah-tons koz day no-zay on vay-air
Latency causes nausea in VR.

Optimisons le rendu graphique.
op-tee-mee-zon luh ron-doo gra-feek
Let's optimize the graphics rendering.

Utilisons un réseau plus rapide.
oo-tee-lee-zon uhn ray-zoh ploo rah-peed
Let's use a faster network.

AUTONOMOUS SYSTEMS (SELF-DRIVING CARS, DRONES)

Vocabulary

Autonome - oh-toh-nohm - autonomous

Système - sees-tem - system

Conduite autonome - kon-dweet oh-toh-nohm - self-driving

Drone - drohn - drone

Capteur - kap-tur - sensor

Lidar - lee-dar - lidar

Radar - ra-dar - radar

Caméra - ka-meh-ra - camera

Intelligence artificielle - an-teh-lee-zhohns ar-tee-fee-syel - artificial intelligence

Algorithme - al-go-reed - algorithm

Navigation - na-vee-ga-syon - navigation

Cartographie - kar-to-gra-fee - mapping

Obstacle - op-sta-kl - obstacle

Détection - day-tek-syon - detection

Évitement - ay-veet-mon - avoidance

Trajectoire - tra-zhak-twar - trajectory

Régulation - ray-goo-la-syon - regulation

Sécurité - say-koo-ree-tay - safety

Véhicule - vay-ee-kool - vehicle

Décollage - day-kol-azh - takeoff

Example Sentences
Le véhicule autonome utilise des capteurs.
Luh vay-ee-kool oh-toh-nohm u-teel day kap-tur.
The autonomous vehicle uses sensors.

Le drone évite les obstacles.
Luh drohn ay-veet lay zop-sta-kl.
The drone avoids obstacles.

La sécurité est essentielle pour la conduite autonome.
La say-koo-ree-tay eh es-on-syel poor la kon-dweet oh-toh-nohm.
Safety is essential for self-driving.

L'algorithme améliore la trajectoire.
Lal-go-reed a-may-ree-or la tra-zhak-twar.
The algorithm improves the trajectory.

Conversations
Conversation 1
Le capteur lidar détecte les obstacles.
Luh kap-tur lee-dar day-tekt lay zop-sta-kl.
The lidar sensor detects obstacles.

L'évitement est automatique?
Lay-veet-mon eh toh-mah-teek?
Is avoidance automatic?

Oui, grâce à l'intelligence artificielle.
Wee, grahs ah lan-teh-lee-zhohns ar-tee-fee-syel.
Yes, thanks to artificial intelligence.

Conversation 2
Le drone a besoin d'une cartographie précise.
Luh drohn ah buh-zwahn doon kar-to-gra-fee pray-seez.
The drone needs precise mapping.

La navigation est difficile ici?
La na-vee-ga-syon eh dee-fee-seel ee-see?

Is navigation difficult here?

Non, le système est très autonome.
Nohn, luh sees-tem eh trez oh-toh-nohm.
No, the system is very autonomous.

Conversation 3
La régulation des véhicules autonomes progresse.
La ray-goo-la-syon day vay-ee-kool oh-toh-nohm proh-gres.
Regulation of self-driving vehicles is advancing.

Et la sécurité?
Ay la say-koo-ree-tay?
And safety?

C'est la priorité absolue.
Say la pree-o-ree-tay ab-soh-loo.
It's the absolute priority.

BIOTECHNOLOGY & BIOINFORMATICS

Vocabulary
Génome - zhay-nohm - Genome
Séquence - say-kahns - Sequence
Protéine - proh-tay-een - Protein
ADN - ah-day-en - DNA
ARN - ah-air-en - RNA
Cellule - sell-ool - Cell
Gène - zhen - Gene
Mutation - myoo-tah-syon - Mutation
Clonage - kloh-nazh - Cloning
Thérapie génique - tay-rah-pee zhay-neek - Gene therapy
Bio-informatique - bee-oh-an-for-mah-teek - Bioinformatics
Base de données - bahz duh doh-nay - Database
Séquençage - say-kahn-sazh - Sequencing
Bactérie - bak-tay-ree - Bacterium
Virus - vee-roos - Virus
Enzyme - ahn-zeem - Enzyme
Vaccin - vak-san - Vaccine
Génie génétique - zhay-nee zhay-nay-teek - Genetic engineering
Algorithm - al-goh-reetm - Algorithm
Analyse génomique - ah-nah-leez zhay-noh-meek - Genomic analysis

Example Sentences
Le séquençage de l'ADN est rapide aujourd'hui.
luh say-kahn-sazh duh lah-day-en eh rah-peed oh-zhoor-dwee
DNA sequencing is fast today.

La bio-informatique utilise des algorithmes complexes.
lah bee-oh-an-for-mah-teek ew-teez day zal-goh-reetm kohm-pleks
Bioinformatics uses complex algorithms.

Cette protéine combat le virus efficacement.
set proh-tay-een kohm-bah luh vee-roos ay-fee-kas-mahn
This protein fights the virus effectively.

La thérapie génique corrige les mutations.
lah tay-rah-pee zhay-neek koh-reezh lay myoo-tah-syon
Gene therapy corrects mutations.

Conversations
A: Le vaccin cible quelle protéine virale ?
luh vak-san see-bluh kel proh-tay-een vee-rahl
Which viral protein does the vaccine target?

B: Il cible la protéine de pointe du virus.
eel see-bluh lah proh-tay-een duh pwant dew vee-roos
It targets the virus's spike protein.

A: C'est crucial pour bloquer l'infection.
say krew-syal poor bloh-kay lan-fek-syon
That's crucial to block infection.

A: Comment gérez-vous la base de données génomique ?
koh-mahn zhay-ray-voo lah bahz duh doh-nay zhay-noh-meek
How do you manage the genomic database?

B: Nous utilisons un nouvel algorithme de bio-informatique.
noo zew-tee-lee-zohn uh noo-vel al-goh-reetm duh bee-oh-an-for-mah-teek
We use a new bioinformatics algorithm.

A: Cela accélère l'analyse génomique.
suh-lah ak-say-lair lah-nah-leez zhay-noh-meek

That speeds up genomic analysis.

A: La mutation affecte-t-elle la fonction de la cellule ?
lah myoo-tah-syon ah-fekt tell lah fohnk-syon duh lah sell-ool
Does the mutation affect the cell's function?

B: Oui, elle perturbe la synthèse des protéines.
wee, ell pair-toorb lah san-tayz day proh-tay-een
Yes, it disrupts protein synthesis.

A: La thérapie génique pourrait résoudre ce problème.
lah tay-rah-pee zhay-neek poor-ray ray-zoodr suh proh-blem
Gene therapy could solve this issue.

NANOTECHNOLOGY
IN COMPUTING

Vocabulary
Nanotube - nah-noh-toob - Nanotube
Transistor - trahn-zee-stor - Transistor
Mémoire - may-mwar - Memory
Circuit intégré - seer-kwee an-tay-gray - Integrated circuit
Semi-conducteur - suh-mee-kon-duk-tur - Semiconductor
Atome - ah-tom - Atom
Molécule - moh-lay-kewl - Molecule
Fabrication - fah-bree-kah-syon - Manufacturing
Échelle nanométrique - ay-shel nah-noh-may-treek - Nanoscale
Carbone - kar-bon - Carbon
Graphène - grah-fen - Graphene
Quantique - kahn-teek - Quantum
Électronique - ay-lek-troh-neek - Electronics
Photonique - foh-toh-neek - Photonics
Capteur - kap-tur - Sensor
Processeur - pro-ses-ur - Processor
Stockage - stoh-kahzh - Storage
Auto-assemblage - oh-toh-ah-sahm-blahzh - Self-assembly
Lithographie - lee-toh-grah-fee - Lithography
Bionique - bee-oh-neek - Bionic

Example Sentences
Les nanotubes de carbone sont révolutionnaires.
Lay nah-noh-toob duh kar-bon son ray-voh-loo-syoh-nair.
Carbon nanotubes are revolutionary.

Le graphène améliore les processeurs.
Luh grah-fen ah-may-lyor lay pro-ses-ur.
Graphene improves processors.

La lithographie crée des circuits minuscules.
La lee-toh-grah-fee kray day seer-kwee mee-new-skewl.
Lithography creates tiny circuits.

Les capteurs quantiques sont très sensibles.
Lay kap-tur kahn-teek son tray sahn-see-bluh.
Quantum sensors are very sensitive.

Conversations
A: Les transistors à l'échelle nanométrique sont-ils plus rapides ?
Lay trahn-zee-stor ah lay-shel nah-noh-may-treek son-teel plew rah-peed ?
B: Oui, ils consomment moins d'énergie.
Wee, eel kon-som mwan dahn-air-zhee.
C: Cela permet des ordinateurs plus puissants.
Suh-la pair-may day zor-dee-nah-tur plew pwee-sahn.
A: Are nanoscale transistors faster?
B: Yes, they consume less energy.
C: This allows for more powerful computers.

A: Comment fonctionne l'auto-assemblage moléculaire ?
Kom-ohn fohnk-see-ohn loh-toh-ah-sahm-blahzh moh-lay-kew-lair ?
B: Les molécules s'organisent d'elles-mêmes.
Lay moh-lay-kewl sorgan-ees dell-mem.
C: C'est essentiel pour la fabrication de mémoires.
Say es-ahn-syel poor lah fah-bree-kah-syon duh may-mwar.
A: How does molecular self-assembly work?
B: Molecules organize themselves.
C: It's essential for memory manufacturing.

A: Les processeurs quantiques utilisent-ils des atomes ?
Lay pro-ses-ur kahn-teek ew-tee-leez-teel day zah-tom ?

B: Oui, ils exploitent les propriétés quantiques.
Wee, eel zeks-plwat lay pro-pree-ay-tay kahn-teek.
C: Cela révolutionnera l'informatique.
Suh-la ray-voh-loo-syoh-nair lah in-for-mah-teek.
A: Do quantum processors use atoms?
B: Yes, they exploit quantum properties.
C: This will revolutionize computing.

DIGITAL TWINS & SIMULATION MODELING

Vocabulary

Jumeau numérique - zhu-mo noo-may-reek - Digital twin
Simulation - see-moo-la-syon - Simulation
Modélisation - mo-day-lee-za-syon - Modeling
Capteur - kap-tur - Sensor
Données - doh-nay - Data
Réel - ray-el - Real
Virtuel - veer-twel - Virtual
Algorithme - al-go-reetm - Algorithm
Optimisation - op-tee-mee-za-syon - Optimization
Prévision - pray-vee-zyon - Forecast
Scénario - say-na-ree-o - Scenario
Prototype - pro-to-teep - Prototype
Validation - va-lee-da-syon - Validation
Intégration - an-tay-gra-syon - Integration
Interface - an-ter-fas - Interface
Système - sees-tem - System
Performance - per-for-mans - Performance
Usine - oo-zeen - Factory
Comportement - kom-por-tuh-mon - Behavior
Défaillance - day-fa-yons - Failure

Example Sentences
Le jumeau numérique surveille l'usine.

luh zhu-mo noo-may-reek sur-vay loo-zeen
The digital twin monitors the factory.

La simulation prédit les défaillances.
la see-moo-la-syon pray-dee lay day-fa-yons
The simulation predicts failures.

Les capteurs envoient des données.
lay kap-tur on-vwa day doh-nay
The sensors send data.

L'optimisation améliore les performances.
lop-tee-mee-za-syon a-may-lyor lay per-for-mans
Optimization improves performance.

Conversations
A: Comment validez-vous le jumeau numérique ?
ko-mon va-lee-day voo luh zhu-mo noo-may-reek
How do you validate the digital twin?

B: Par comparaison avec le système réel.
par kom-pa-ray-zon ah-vek luh sees-tem ray-el
By comparing it with the real system.

C: La validation est essentielle.
la va-lee-da-syon ay eh-son-syel
Validation is essential.

A: Utilisez-vous des scénarios complexes ?
oo-tee-lee-zay voo day say-na-ree-o kom-pleks
Do you use complex scenarios?

B: Oui, pour tester le comportement virtuel.
wee poor tes-tay luh kom-por-tuh-mon veer-twel
Yes, to test virtual behavior.

C: Cela affine la prévision.
suh-la a-feen la pray-vee-zyon
That refines the forecast.

A: L'intégration des capteurs est difficile ?
lan-tay-gra-syon day kap-tur ay dee-fee-seel
Is sensor integration difficult?

B: Non, avec la bonne interface.
non ah-vek la bon an-ter-fas
No, with the right interface.

C: Les données en temps réel sont cruciales.
lay doh-nay on tom ray-el son kroo-syal
Real-time data is crucial.

DEVOPS (CI/CD, INFRASTRUCTURE AS CODE)

Vocabulary
déploiement - day-plwah-mon - deployment
pipeline - peep-leen - pipeline
intégration - ahn-tay-grah-syon - integration
livraison - lee-vreh-zon - delivery
environnement - ahn-vee-ron-mon - environment
version - vair-syon - version
test - test - test
serveur - sair-vur - server
configuration - kon-fee-gy-rah-syon - configuration
provisionnement - pro-vee-zee-on-mon - provisioning
conteneur - kon-tuh-nur - container
orchestration - or-kes-trah-syon - orchestration
reproductibilité - ruh-pro-dewk-tee-bee-lee-tay - reproducibility
déploiement continu - day-plwah-mon kon-tee-new - continuous deployment
infrastructure - ahn-free-strook-tur - infrastructure
script - skreep - script
variable - vah-ree-ah-bluh - variable
surveillance - sur-vay-yons - monitoring
validation - vah-lee-dah-syon - validation
déploiement bleu-vert - day-plwah-mon bluh vair - blue-green deployment

Example Sentences
Nous automatisons le pipeline CI/CD.
noo-zoh-toh-mah-tee-zon luh peep-leen see-ee see-dee
We automate the CI/CD pipeline.

L'infrastructure est définie comme code.
lahn-free-strook-tur ay day-fee-nee kohm kohd
The infrastructure is defined as code.

Les tests s'exécutent à chaque validation.
lay test sayg-zay-koot ah shak val-ee-dah-syon
Tests run on every commit.

Les conteneurs améliorent la reproductibilité.
lay kon-tuh-nur ah-may-yor lah ruh-pro-dewk-tee-bee-lee-tay
Containers improve reproducibility.

Conversations
Conversation 1
Le déploiement continu a échoué.
luh day-plwah-mon kon-tee-new ah ay-shoo-ay
The continuous deployment failed.

Vérifie la configuration du serveur.
vay-ree-fee lah kon-fee-gy-rah-syon dew sair-vur
Check the server configuration.

J'ai corrigé le script de provisionnement.
zhay kor-ee-zhay luh skreep duh pro-vee-zee-on-mon
I fixed the provisioning script.

Conversation 2
Pourquoi utiliser un déploiement bleu-vert ?
poor-kwah ew-tee-zay uhn day-plwah-mon bluh vair
Why use blue-green deployment?

Il minimise les temps d'indisponibilité.
eel mee-nee-meez lay ton dan-dees-poh-nee-bee-lee-tay
It minimizes downtime.

Et simplifie la validation des nouvelles versions.
ay sahn-plee-fee lah vah-lee-dah-syon day noo-vell vair-syon
And simplifies validation of new versions.

Conversation 3
L'orchestration des conteneurs est cruciale.
lor-kes-trah-syon day kon-tuh-nur ay crew-see-all
Container orchestration is crucial.

Oui, avec des outils comme Kubernetes.
wee ah-vek day zoo-teel kohm koob-er-net-ez
Yes, with tools like Kubernetes.

Cela assure la surveillance et l'évolutivité.
suh-la ah-sur lah sur-vay-yons ay lay-vol-ew-tee-vay-tay
It ensures monitoring and scalability.

OBSERVABILITY (LOGGING, METRICS, TRACING)

Vocabulary

Observabilité - ob-sair-vah-bee-lee-tay - Observability
Journalisation - zhoor-nah-lee-zah-syon - Logging
Métrique - may-treek - Metric
Traçage - trah-sahzh - Tracing
Latence - lah-tahns - Latency
Débit - day-bee - Throughput
Erreur - eh-ruhr - Error
Taux d'échec - toh day-shek - Failure rate
Temps de réponse - tahn duh ray-pohns - Response time
Disponibilité - dees-poh-nee-bee-lee-tay - Availability
Surveillance - sur-vay-ahns - Monitoring
Alerte - ah-lairt - Alert
Tableau de bord - tah-bloh duh bor - Dashboard
Symptôme - sam-tohm - Symptom
Diagnostic - dee-ag-nos-teek - Diagnosis
Corrélation - kor-ray-lah-syon - Correlation
Agrégation - ah-gray-gah-syon - Aggregation
Échantillon - ay-shahn-tee-yon - Sample
Tendance - tahn-dahns - Trend
Logs - lohg - Logs

Example Sentences

Les métriques montrent une latence élevée.
- lay may-treek mohntr ewn lah-tahns ay-luh-vay
- The metrics show high latency.

Vérifiez les logs pour diagnostiquer l'erreur.
- vay-ree-fee-yay lay lohg poor dee-ag-no-stee-kay leh-ruhr
- Check the logs to diagnose the error.

Le traçage révèle le goulot d'étranglement.
- luh trah-sahzh ray-vel luh goo-loh day-trahn-gleh-mon
- Tracing reveals the bottleneck.

Configurez une alerte pour la disponibilité.
- kon-fee-guh-ray ewn ah-lairt poor lah dees-poh-nee-bee-lee-tay
- Configure an alert for availability.

Conversations

A: Le taux d'échec augmente.
- luh toh day-shek ohg-mont
- The failure rate is increasing.
B: Analysez les logs immédiatement.
- ah-nah-lee-zay lay lohg ee-may-dee-at-mon
- Analyze the logs immediately.
A: J'ai trouvé une corrélation avec la latence.
- zhay troo-vay ewn kor-ray-lah-syon ah-vek lah lah-tahns
- I found a correlation with latency.

A: La surveillance montre un débit faible.
- lah sur-vay-ahns mohntr uhn day-bee fehbl
- Monitoring shows low throughput.
B: Utilisez le traçage pour investiguer.
- ew-tee-lee-zay luh trah-sahzh poor ahn-ves-tee-gay
- Use tracing to investigate.
A: Le tableau de bord indique un problème réseau.
- luh tah-bloh duh bor ahn-deek uhn proh-blem ray-zoh
- The dashboard indicates a network issue.

A: Les tendances des métriques sont anormales.
- lay tahn-dahns day may-treek sohn tah-nor-mahl
- Metric trends are abnormal.
B: Faites un échantillon des données.
- fet uhn ay-shahn-tee-yon day doh-nay
- Take a sample of the data.
A: L'agrégation confirme une panne système.
- lah-gray-gah-syon kon-feerm ewn pahn sees-tem
- Aggregation confirms a system failure.

SITE RELIABILITY ENGINEERING (SRE)

Vocabulary

Disponibilité - dees-po-nee-bee-lee-tay - Availability

Fiabilité - fee-ah-bee-lee-tay - Reliability

Surveillance - sur-vay-yahns - Monitoring

Incident - an-see-dahn - Incident

Latence - lah-tahns - Latency

Redondance - ruh-dohn-dahns - Redundancy

Déploiement - day-plwah-mahn - Deployment

Automatisation - oh-toh-mah-tee-zah-syohn - Automation

Scalabilité - skah-lah-bee-lee-tay - Scalability

Désastre - day-zah-str - Disaster

Défaillance - day-fahy-ahns - Failure

Seuil - suh-yuh - Threshold

Journalisation - zhoor-nah-lee-zah-syohn - Logging

Pagination - pah-zhee-nah-syohn - Paging (alerting)

Canary - kah-nah-ree - Canary (testing)

Charge - shahrzh - Load

Quota - koh-tah - Quota

Basculement - bahs-koo-luh-mahn - Failover

Débit - day-bee - Throughput

Sondage - sohn-dazh - Probe

Example Sentences

La surveillance détecte les seuils critiques.

- lah sur-vay-yahns day-tekt lay suh-yuh kree-teek

- Monitoring detects critical thresholds.

L'automatisation réduit les défaillances.
- loh-toh-mah-tee-zah-syohn ray-dwee lay day-fahy-ahns
- Automation reduces failures.

La redondance améliore la disponibilité.
- lah ruh-dohn-dahns ah-may-lyor lah dees-po-nee-bee-lee-tay
- Redundancy improves availability.

Un déploiement canary teste les changements.
- uhn day-plwah-mahn kah-nah-ree test lay shahnzh-mahn
- A canary deployment tests changes.

Conversations
L'équipe a paginé pour l'incident de latence élevée.
- lay-keep ah pah-zhee-nay poor lan-see-dahn duh lah-tahns ay-luh-vay
- The team paged about the high-latency incident.

Vérifiez la redondance avant le basculement.
- vay-ree-fee-yay lah ruh-dohn-dahns ah-vahn luh bahs-koo-luh-mahn
- Check redundancy before failover.

J'ai augmenté le quota pour gérer la charge.
- zhay ohg-mahn-tay luh koh-tah poor zhay-ray lah shahrzh
- I increased the quota to handle the load.

Nous devons journaliser cet incident critique.
- noo duh-vohn zhoor-nah-lee-zay set an-see-dahn kree-teek
- We must log this critical incident.

L'automatisation du déploiement évitera des erreurs.
- loh-toh-mah-tee-zah-syohn dew day-plwah-mahn ay-vee-tay-rah day zay-rur
- Automating the deployment will prevent errors.

La scalabilité du système est prioritaire.

- lah skah-lah-bee-lee-tay dew sees-tehm ay pree-oh-ree-tair
- System scalability is a priority.

Le sondage a révélé une défaillance de disponibilité.
- luh sohn-dazh ah ray-vay-lay ewn day-fahy-ahns duh dees-po-nee-bee-lee-tay
- The probe revealed an availability failure.

Préparez le plan de reprise après désastre.
- pray-pah-ray luh plahn duh ruh-preez ah-pray day-zah-str
- Prepare the disaster recovery plan.

La latence dépasse le seuil acceptable.
- lah lah-tahns day-pahs luh suh-yuh ak-sep-tah-bluh
- Latency exceeds the acceptable threshold.

IT SERVICE MANAGEMENT (ITIL, ITSM)

Vocabulary

Service - sair-vees - Service
Incident - an-see-don - Incident
Problème - pro-blem - Problem
Changement - shonj-mon - Change
Configuration - kon-fee-gyoo-rah-syon - Configuration
Disponibilité - dees-poh-nee-bee-lee-tay - Availability
Capacité - kah-pah-see-tay - Capacity
Continuité - kon-tee-new-ee-tay - Continuity
Sécurité - say-kyoo-ree-tay - Security
Fournisseur - foor-nee-sur - Supplier
Amélioration - ah-may-lyo-rah-syon - Improvement
Processus - pro-say-sus - Process
Déploiement - day-plwah-mon - Deployment
Restauration - res-to-rah-syon - Restoration
Impact - am-pakt - Impact
Urgence - oor-zhons - Urgency
Validation - vah-lee-dah-syon - Validation
Bilan - bee-lon - Review
Enregistrement - on-reh-zhee-struh-mon - Record
Réunion - ray-oon-yon - Meeting

Example Sentences
Le changement est planifié cette nuit.

Luh shonj-mon ay plah-nee-fyay set nwee.
The change is planned for tonight.

L'incident critique est résolu.
Lan-see-don kree-teek ay ray-zol-oo.
The critical incident is resolved.

La disponibilité du service est prioritaire.
Lah dees-poh-nee-bee-lee-tay dew sair-vees ay pree-oh-ree-tair.
Service availability is a priority.

Le fournisseur améliore continuellement.
Luh foor-nee-sur ah-may-lyor kon-tee-new-el-mon.
The supplier continuously improves.

Conversations
Dialogue 1
L'incident a-t-il un impact majeur ?
Lan-see-don ah-teel un am-pakt mah-zheur?
Does the incident have a major impact?

Oui, la disponibilité est affectée.
Wee, lah dees-poh-nee-bee-lee-tay ah-fek-tay.
Yes, availability is affected.

Lancez le processus de restauration.
Lon-say luh pro-say-sus duh res-to-rah-syon.
Initiate the restoration process.

Dialogue 2
Le déploiement nécessite une validation.
Luh day-plwah-mon nay-say-seet oon vah-lee-dah-syon.
The deployment requires validation.

Prévoyons une réunion demain.
Pray-vwah-yon oon ray-oon-yon duh-man.
Let's schedule a meeting tomorrow.

J'enregistrerai les risques.
Zhon-reh-zhee-struh-ray lay reesk.

I will record the risks.

Dialogue 3
Le bilan post-incident est terminé.
Luh bee-lon post-an-see-don ay tair-mee-nay.
The post-incident review is complete.

Quelles améliorations proposons-nous ?
Kel zah-may-lyo-rah-syon pro-poh-zon-noo?
What improvements do we propose?

Optimisons la capacité du système.
Op-tee-mee-zon lah kah-pah-see-tay dew sees-tem.
Let's optimize the system capacity.

DISASTER RECOVERY & BUSINESS CONTINUITY

Vocabulary
Reprise - reu-preez - Recovery
Continuité - kon-tee-nwee-tay - Continuity
Sinistre - see-nee-str - Disaster
Sauvegarde - so-veg-ard - Backup
Redondance - reu-don-danss - Redundancy
Risque - reesk - Risk
Panne - pahn - Failure
Dégât - day-gah - Damage
Prévention - pray-vahn-syon - Prevention
Alerte - ah-lert - Alert
Crise - kreez - Crisis
Perturbation - per-tur-bah-syon - Disruption
Urgence - ur-zhanss - Emergency
Secours - suh-koor - Relief/Rescue
Récupération - ray-kew-pay-rah-syon - Retrieval
Résilience - ray-zee-lyanss - Resilience
Exercice - eg-zair-sees - Exercise/Test
Site secondaire - seet suh-gon-dair - Secondary site
Basculement - bahs-kewl-mahn - Failover
Planification - plah-nee-fee-kah-syon - Planning

Example Sentences
La sauvegarde quotidienne protège contre les pannes.

Lah so-veg-ard ko-tee-dee-en proh-tezh kon-truh lay pahn.
Daily backup protects against failures.

Activez le plan de continuité pendant une crise.
Ahk-tee-vay luh plahn duh kon-tee-nwee-tay pahn-dahn ewn kreez.
Activate the business continuity plan during a crisis.

Vérifiez la redondance des systèmes critiques.
Vay-ree-fee-ay lah reu-don-danss day seest-em kree-teek.
Check the redundancy of critical systems.

L'exercice de reprise après sinistre est essentiel.
Leg-zair-sees duh reu-preez ah-pray see-nee-str ay eh-sahn-syel.
The disaster recovery exercise is essential.

Conversations
Le sinistre a causé des dégâts majeurs.
Luh see-nee-str ah koh-zay day day-gah mah-zhur.
The disaster caused major damage.

Utilisez le site secondaire immédiatement.
Ew-tee-lee-zay luh seet suh-gon-dair ee-may-dee-at-mahn.
Use the secondary site immediately.

Le basculement est en cours pour minimiser la perturbation.
Luh bahs-kewl-mahn ay on koor poor mee-nee-mee-zay lah per-tur-bah-syon.
Failover is in progress to minimize disruption.

Quand testons-nous la récupération des données ?
Kahn tes-ton-noo lah ray-kew-pay-rah-syon day doh-nay ?
When do we test data retrieval?

L'exercice est prévu jeudi prochain.
Leg-zair-sees ay pray-vew zhuh-dee pro-shahn.
The exercise is scheduled for next Thursday.

Assurez la résilience avec une prévention renforcée.
Ah-shew-ray lah ray-zee-lyanss ah-vek ewn pray-vahn-syon

rahn-for-say.
Ensure resilience with enhanced prevention.

Une alerte d'urgence a été déclenchée.
Ewn ah-lert dur-zhanss ah ay-tay day-klahn-shay.
An emergency alert was triggered.

Suivez le plan de gestion de crise sans délai.
Swee-vay luh plahn duh zhes-tyon duh kreez sahn day-lay.
Follow the crisis management plan without delay.

La redondance a évité une panne totale.
Lah reu-don-danss ah ay-vee-tay ewn pahn toh-tahl.
Redundancy prevented a total failure.

PERFORMANCE TUNING & OPTIMIZATION

Vocabulary

Latence - lah-tahns - Latency

Goulot d'étranglement - goo-loh day-truhng-luh-mahn - Bottleneck

Requête - ruh-ket - Query

Indexation - an-dek-sah-syohn - Indexing

Mise en cache - meez ahng kash - Caching

Parallélisation - pah-rah-lay-lee-zah-syohn - Parallelization

Compression - kohm-preh-syohn - Compression

Asynchrone - ah-sank-rohn - Asynchronous

Heuristique - uh-rees-teek - Heuristic

Réplication - ray-plee-kah-syohn - Replication

Granularité - grah-noo-lah-ree-tay - Granularity

Persistance - pair-sees-tahns - Persistence

Fragmentation - frahg-mahn-tah-syohn - Fragmentation

Verrou - veh-roo - Lock

Débit - day-bee - Throughput

Latence d'écriture - lah-tahns day-kree-tewr - Write latency

Cache L1 - kash el-uhn - L1 Cache

Délai d'attente - day-lay dah-tahnt - Wait time

Surcharge - sur-sharzh - Overload

Entrelacement - ahn-truh-lahs-mahn - Interleaving

Example Sentences

Nous optimisons la requête SQL.
noo zohp-tee-mee-zohn lah ruh-ket es-kyu-el
We are optimizing the SQL query.

La parallélisation réduit la latence.
lah pah-rah-lay-lee-zah-syohn ray-dwee lah lah-tahns
Parallelization reduces latency.

Vérifiez la fragmentation des index.
vay-ree-fee-yay lah frahg-mahn-tah-syohn day zan-deks
Check index fragmentation.

Le cache minimise les délais.
luh kash mee-nee-meez lay day-lay
The cache minimizes delays.

Conversations
Conversation 1
Le goulot d'étranglement est dans la base de données.
luh goo-loh day-truhng-luh-mahn ay dahn lah bahz duh doh-nay
The bottleneck is in the database.

Utilisons le partitionnement horizontal.
oo-tee-lee-zohn luh pahr-tee-see-ohn-mahn oh-ree-zohn-tahl
Let's use horizontal partitioning.

Ça améliorera le débit.
sah ah-may-lyuh-ray-ruh luh day-bee
That will improve throughput.

Conversation 2
La latence d'écriture est trop élevée.
lah lah-tahns day-kree-tewr ay troh ay-luh-vay
Write latency is too high.

Activez la compression asynchrone.
ahk-tee-vay lah kohm-preh-syohn ah-sank-rohn
Enable asynchronous compression.

Les verrous sont maintenant réduits.
lay veh-roo sohn man-tuh-nahn ray-dwee
Locks are now reduced.

Conversation 3
Pourquoi cette surcharge mémoire ?
poor-kwah set sur-sharzh may-mwar
Why this memory overload?

La persistance des logs n'est pas optimisée.
lah pair-sees-tahns day lohg nay pah zohp-tee-mee-zay
Log persistence isn't optimized.

Appliquez une stratégie de mise en cache.
ah-plee-kay ewn strah-zhay-zhee duh meez ahng kash
Apply a caching strategy.

GREEN COMPUTING & ENERGY EFFICIENCY

Vocabulary

Énergie - ay-nair-zhee - Energy

Efficacité - ef-fee-see-tay - Efficiency

Consommation - kon-so-mah-syon - Consumption

Écologique - ay-koh-loh-zheek - Ecological

Durable - dew-rah-bluh - Sustainable

Serveur - sair-vair - Server

Virtualisation - veer-tew-al-lee-zah-syon - Virtualization

Refroidissement - ruh-fwah-dees-mon - Cooling

Logiciel - loh-zhee-syel - Software

Matériel - mah-tay-ree-el - Hardware

Optimisation - op-tee-mee-zah-syon - Optimization

Cloud - klowd - Cloud

Données - doh-nay - Data

Centre de données - son-truh duh doh-nay - Data Center

Watt - watt - Watt

Kilowattheure - kee-loh-wat-ur - Kilowatt-hour

Bilan carbone - bee-lahn kar-bon - Carbon Footprint

Renouvelable - ruh-noo-vuh-lah-bluh - Renewable

Réduction - ray-dewk-syon - Reduction

Éteindre - ay-tandr - To Shut Down

Example Sentences

Nous optimisons la consommation d'énergie.

nwees op-tee-mee-zohn lah kon-so-mah-syon day-nair-zhee

We are optimizing energy consumption.

Les serveurs virtuels réduisent les coûts.
lay sair-vair veer-tew-el ray-dew-zay lay koo
Virtual servers reduce costs.

Utilisez des sources d'énergie renouvelable.
ew-tee-lee-zay day soors day-nair-zhee ruh-noo-vuh-lah-bluh
Use renewable energy sources.

Éteignez les ordinateurs la nuit.
ay-tayn-yay lay zor-dee-na-tur lah nwee
Shut down computers at night.

Conversations
Quel est notre bilan carbone actuel ?
kel ay noh-truh bee-lahn kar-bon ak-tew-el
What is our current carbon footprint?

Nous visons une réduction de 20% cette année.
noo vee-zohn ewn ray-dewk-syon duh van pour-san set an-ay
We are aiming for a 20% reduction this year.

Excellent ! Priorisons les centres de données écologiques.
ek-say-lon! pree-oh-ree-zohn lay son-truh duh doh-nay ay-koh-loh-zheek
Excellent! Let's prioritize eco-friendly data centers.

Comment améliorer l'efficacité énergétique ?
koh-mon ah-may-lee-oray lef-fee-see-tay ay-nair-zheh-teek
How can we improve energy efficiency?

La virtualisation des serveurs est une solution clé.
lah veer-tew-al-lee-zah-syon day sair-vair ay ewn soo-lee-syon klay
Server virtualization is a key solution.

Bien noté. J'évaluerai notre infrastructure.
byen noh-tay. zhay-val-ew-ay noh-truh an-fra-strook-tur

Well noted. I will evaluate our infrastructure.

Pourquoi le refroidissement est-il important ?
poor-kwah luh ruh-fwah-dees-mon ay-teel am-por-ton
Why is cooling important?

Il impacte directement la consommation électrique.
eel am-pakt deer-ekt-mon lah kon-so-mah-syon ay-lek-treek
It directly impacts electricity consumption.

Investissons dans des systèmes plus durables alors.
an-ves-tee-son dahn day sees-tem plew dew-rah-bluh ah-lor
Let's invest in more sustainable systems then.

EMBEDDED SYSTEMS & FIRMWARE DEVELOPMENT

Vocabulary

Micrologiciel - mee-kro-lo-zhee-syel - firmware

Chargeur d'amorçage - shar-zhur da-mor-sazh - bootloader

Débogueur - day-bo-gur - debugger

Capteur - kap-tur - sensor

Actionneur - ak-syo-nur - actuator

Circuit imprimé - seer-kwee an-pree-may - printed circuit board

Broche - brosh - pin

Tension - tawn-syon - voltage

Registre - ruh-zhees-tr - register

Interruption - an-ter-rup-syon - interrupt

Minuterie - mee-nu-tree - timer

Protocole - pro-to-kol - protocol

Liaison série - lee-ay-zon say-ree - serial communication

Débogage - day-bo-gazh - debugging

Compilateur - kom-pee-la-tur - compiler

Assembleur - a-som-blur - assembler

Noyau - nwa-yo - kernel

Pilote - pee-lot - driver

Mémoire flash - mem-war flash - flash memory

Bit - bit - bit

Example Sentences

Le micrologiciel gère les interruptions.

luh mee-kro-lo-zhee-syel zhair lay zan-ter-rup-syon
The firmware manages interrupts.

J'utilise un débogueur pour trouver le bogue.
zhew-tee-leez uhn day-bo-gur poor troo-vay luh boog
I use a debugger to find the bug.

Le capteur mesure la tension.
luh kap-tur muh-zyr la tawn-syon
The sensor measures the voltage.

Nous programmons le microcontrôleur en C.
noo pro-gram-ohn luh mee-kro-kon-trol-ur ahn say
We program the microcontroller in C.

Conversations
As-tu vérifié le registre d'état ?
ah-tew vay-ree-fyay luh ruh-zhees-tr day-tah
Did you check the status register?

Oui, il indique une erreur de débordement.
wee eel an-deek ewn ay-rur duh day-bor-duh-mon
Yes, it indicates an overflow error.

Nous devons ajouter une vérification dans le code.
noo duh-vohn za-jho-tay ewn vay-ree-fee-ka-syon dahn luh kod
We need to add a check in the code.

Le protocole de communication est défectueux.
luh pro-to-kol duh ko-myoo-nee-ka-syon ay day-fek-twee
The communication protocol is faulty.

Vérifiez la liaison série avec l'oscilloscope.
vay-ree-fyay la lee-ay-zon say-ree ah-vek lo-see-lo-skop
Check the serial link with the oscilloscope.

J'ai trouvé un problème de synchronisation.
zhay troo-vay uhn pro-blem duh sank-ro-nee-za-syon
I found a synchronization issue.

Le pilote du périphérique nécessite une mise à jour.
luh pee-lot dew pay-ree-fay-reek nay-see-seet ewn mee-zah-jhoor
The device driver requires an update.

Téléchargez la nouvelle version sur le dépôt.
tay-lay-char-zhay la noo-vel ver-syon sewr luh day-po
Download the new version from the repository.

La compilation a échoué à cause d'une erreur de syntaxe.
la kom-pee-la-syon a ay-shoo-ay ah koz dew-n ay-rur duh sank-sees
The compilation failed due to a syntax error.

IOT (SMART DEVICES, EDGE AI)

Vocabulary

Appareil connecté - a-pa-ray kon-nek-tay - Connected device

Capteur - kap-ter - Sensor

Données en temps réel - doh-nay ahn tahm ray-el - Real-time data

Réseau - ray-zoh - Network

Sécurité - say-kew-ree-tay - Security

Intelligence artificielle - ahn-tehl-lee-zhohns ar-tee-fee-syel - Artificial intelligence

Traitement en périphérie - tray-tuh-mahn ahn pay-ree-fay-ree - Edge computing

Cloud - klood - Cloud

Latence - la-tahns - Latency

Interopérabilité - ahn-teh-roh-pay-ra-bee-lee-tay - Interoperability

Plateforme - plat-form - Platform

Maintenance prédictive - mahn-teh-nahns pray-deek-teev - Predictive maintenance

Automatisation - oh-toh-ma-tee-zah-syohn - Automation

Déploiement - day-plwah-mahn - Deployment

Optimisation - ohp-tee-mee-zah-syohn - Optimization

Vulnérabilité - vewl-nay-ra-bee-lee-tay - Vulnerability

Surveillance - sewr-vay-yahns - Monitoring

Analytique - a-na-lee-teek - Analytics

Énergivore - ay-nair-zhee-vor - Energy-intensive

Scalabilité - ska-la-bee-lee-tay - Scalability

Example Sentences
Les capteurs surveillent la température.
Lay kap-ter sewr-vay-yahn la tahm-pay-ra-tewr.
The sensors monitor the temperature.

L'Edge AI réduit la latence.
Lej ay ah-ee ray-dwee la la-tahns.
Edge AI reduces latency.

La maintenance prédictive évite les pannes.
La mahn-teh-nahns pray-deek-teev ay-veet lay pan.
Predictive maintenance prevents breakdowns.

Ce réseau manque de sécurité.
Suh ray-zoh mahnk duh say-kew-ree-tay.
This network lacks security.

Conversations
La sécurité du capteur est vulnérable.
La say-kew-ree-tay dew kap-ter ay vewl-nay-rahbl.
The sensor's security is vulnerable.

Utilisez un chiffrement plus fort.
Ew-tee-lee-zay uhn shee-fruh-mahn plew for.
Use stronger encryption.

J'optimise la configuration maintenant.
Zohp-tee-meez la kon-fee-ghew-rah-syohn mahn-tuh-nahn.
I'm optimizing the configuration now.

L'Edge AI consomme trop d'énergie.
Lej ay ah-ee kon-som troh day-nair-zhee.
Edge AI consumes too much energy.

Priorisez l'efficacité énergétique.
Pree-oh-ree-zay lay-fee-ka-see-tay ay-nair-zhey-teek.
Prioritize energy efficiency.

Je réduis la puissance du processeur.
Zhuh ray-dwee la pwee-sahns dew pro-ses-ser.
I'm reducing the processor's power.

Les données en temps réel sont erronées.
Lay doh-nay ahn tahm ray-el sohn tay-roh-nay.
The real-time data is inaccurate.

Vérifiez l'étalonnage des capteurs.
Vay-ree-fee-yay lay-ta-loh-nazh day kap-ter.
Check the sensors' calibration.

J'analyse les métriques de performance.
Zha-na-leez lay may-treek duh per-for-mahns.
I'm analyzing the performance metrics.

FPGA & ASIC DESIGN

Vocabulary

Logique programmable - loh-zheek proh-grah-mah-bluh - Programmable logic

Circuit intégré - seer-kwee an-tay-gray - Integrated circuit

Synthèse - san-tayz - Synthesis

Porte logique - port loh-zheek - Logic gate

Temporisation - tom-poh-ree-zah-syon - Timing

Routage - roo-tahzh - Routing

Vérification - vay-ree-fee-kah-syon - Verification

Séquenceur - say-kahn-sur - Sequencer

Périphérique - pay-ree-fay-reek - Peripheral

Horloge - or-lohzh - Clock

Transistor - trahn-zee-stor - Transistor

Masque - mahsk - Mask

Gravure - grah-vur - Fabrication

Puce - poos - Chip

Banc de test - bahnk duh test - Testbench

Schéma - shay-mah - Schematic

Bitstream - beet-streem - Bitstream

Latence - lah-tahns - Latency

Pouvoir dissipé - poo-vwahr dee-see-pay - Power dissipation

Interface - an-tayr-fahs - Interface

Example Sentences

Les FPGA utilisent une logique reconfigurable.

Lay eff-peh-zhay u-til-euz ewn loh-zheek ruh-kon-fee-gur-ah-bluh.

FPGAs use reconfigurable logic.

La vérification pré-silicon est cruciale.
Lah vay-ree-fee-kah-syon pray-see-lee-kon ay kroo-see-ahl.
Pre-silicon verification is critical.

Les ASIC ont des coûts initiaux plus élevés.
Lay zah-zeek on day koo een-ee-see-oh ploo zayl-vay.
ASICs have higher initial costs.

Le routage impacte la temporisation.
Luh roo-tahzh am-pakt lah tom-poh-ree-zah-syon.
Routing impacts timing.

Conversations
La synthèse a échoué à cause des contraintes de temporisation.
Lah san-tayz ah ay-shoo ay kohz day kon-trahn duh tom-poh-ree-zah-syon.
Synthesis failed due to timing constraints.

Vérifiez le chemin critique avec l'horloge.
Vay-ree-fee-ay luh shuh-man kree-teek ah-vek lor-lohzh.
Check the critical path with the clock.

J'optimiserai la logique pour réduire la latence.
Zhop-tee-meez-ray lah loh-zheek poor ray-dwehr lah lah-tahns.
I'll optimize the logic to reduce latency.

Nous devons minimiser le pouvoir dissipé.
Noo duh-vohn mee-nee-mee-zay luh poo-vwahr dee-see-pay.
We need to minimize power dissipation.

Utilisez des portes à faible consommation.
U-tee-lee-zay day port ah faybl kon-soo-mah-syon.
Use low-power consumption gates.

Le banc de test confirmera les économies.
Luh bahnk duh test kon-feer-muh-ray lay zay-ko-no-mee.
The testbench will confirm the savings.

L'interface PCIe nécessite un séquenceur dédié.
Lan-tayr-fahs pay-say-ee-uh nay-say-seet uhn say-kahn-sur day-
dee-ay.
The PCIe interface requires a dedicated sequencer.

La gravure en 7nm réduit la taille de la puce.
Lah grah-vur ahn set na-no-me-truhr ray-dwee lah ty duh lah
poos.
7nm fabrication shrinks the chip size.

Le masque final coûte très cher.
Luh mahsk fee-nal koot tray shair.
The final mask costs very much.

PRINTED CIRCUIT BOARD (PCB) ENGINEERING

Vocabulary

Circuit imprimé - sir-kwee-tan-pree-may - Printed Circuit Board

Piste - peest - Trace

Masque de soudure - mask duh soo-droor - Solder Mask

Via - vee-ah - Via

Composant - kom-po-zan - Component

Soudure - soo-droor - Solder

Test électrique - test ay-lek-treek - Electrical Test

Gravure - gra-vyoor - Etching

Couche - koosh - Layer

Percage - pair-saj - Drilling

Platine - pla-teen - Board

Terminaison - ter-mee-nay-zon - Termination

Découpe - day-koop - Cutting

Épaisseur - ay-pes-ur - Thickness

Finition - fee-nee-syon - Finish

Assemblage - a-som-blaj - Assembly

Alignement - a-leen-yuh-mon - Alignment

Défaut - day-foh - Defect

Isolation - ee-zo-la-syon - Insulation

Résistance - ray-zis-tons - Resistor

Example Sentences

La piste est trop fine.

la peest ay tro feen.
The trace is too thin.

Le via connecte les couches.
luh vee-ah ko-nekt lay koosh.
The via connects the layers.

Vérifiez le masque de soudure.
vay-ree-fee-ay luh mask duh soo-droor.
Check the solder mask.

Le test électrique a échoué.
luh test ay-lek-treek a ay-shoo-ay.
The electrical test failed.

Conversations
A: Le perçage est-il précis ?
luh pair-saj ay-teel pray-see?
Is the drilling precise?

B: Oui, mais l'alignement des composants est critique.
wee, may la-leen-yuh-mon day kom-po-zan ay kree-teek.
Yes, but component alignment is critical.

C: Contrôlez l'épaisseur de la platine.
kon-tro-lay lay-pes-ur duh la pla-teen.
Monitor the board thickness.

A: Il y a un défaut d'isolation.
eel ee a un day-foh dee-zo-la-syon.
There is an insulation defect.

B: Utilisez un test électrique immédiatement.
ew-tee-lee-zay un test ay-lek-treek ee-may-dee-at-mon.
Use an electrical test immediately.

A: La résistance est endommagée.
la ray-zis-tons ay on-dom-a-zhay.
The resistor is damaged.

A: La finition de surface est-elle bonne ?
la fee-nee-syon duh sur-fas ay-tel bon?
Is the surface finish good?

B: Non, refaites la gravure.
non, ruh-fet la gra-vyoor.
No, redo the etching.

C: Préparons l'assemblage final.
pray-pa-ron la-som-blaj fee-nal.
Let's prepare the final assembly.

SENSOR NETWORKS & WEARABLE TECH

Vocabulary

Capteur - kap-tur - Sensor
Réseau - ray-zo - Network
Portable - por-tah-bl - Wearable
Surveillance - sur-vay-lans - Monitoring
Données - doh-nay - Data
Sans fil - sahn feel - Wireless
Connectivité - koh-nek-tee-vee-tay - Connectivity
Batterie - bah-tree - Battery
Autonome - oh-toh-nohm - Autonomous
Transmission - trahn-smee-syohn - Transmission
Interface - ahn-ter-fas - Interface
Traitement - tray-tee-mahn - Processing
Réalité augmentée - ray-ah-lee-tay ohg-mahn-tay - Augmented reality
Télémétrie - tay-lay-may-tree - Telemetry
Biométrie - bee-oh-may-tree - Biometrics
Moniteur - moh-nee-tur - Monitor
Suivi - swee-vee - Tracking
Environnement - ahn-vee-rohn-mon - Environment
Analyse - ah-nal-eez - Analysis
Capteur de mouvement - kap-tur duh moov-mahn - Motion sensor

Example Sentences
Les capteurs surveillent la température corporelle.
- lay kap-tur sur-vay la tom-pay-rah-tur kor-por-el.

- Sensors monitor body temperature.

La connectivité sans fil est essentielle pour les wearables.
- la koh-nek-tee-vee-tay sahn feel ay es-ahn-see-el poor lay wehr-ah-bl.
- Wireless connectivity is essential for wearables.

Cette montre analyse le rythme cardiaque.
- set mohnt ah-nal-eez luh reetm kar-dee-ak.
- This watch analyzes heart rhythm.

La transmission des données est sécurisée.
- la trahn-smee-syohn day doh-nay ay say-kur-ee-zay.
- Data transmission is secured.

Conversations
Le réseau de capteurs détecte des mouvements anormaux.
- luh ray-zo duh kap-tur day-tekt day moov-mahn ah-nor-moh.
- The sensor network detects abnormal movements.

Utilisez-vous la biométrie pour l'authentification?
- u-tee-lee-zay voo la bee-oh-may-tree poor loh-tahn-tee-fee-kah-syon?
- Do you use biometrics for authentication?

Oui, et l'interface garantit la confidentialité.
- wee, ay lahn-ter-fas gah-rahn-tee la kon-fee-den-syah-lee-tay.
- Yes, and the interface ensures confidentiality.

La batterie de ce tracker est faible.
- la bah-tree duh suh trah-kur ay feh-bl.
- This tracker's battery is weak.

Activez le mode autonome pour économiser l'énergie.
- ak-tee-vay luh mohd oh-toh-nohm poor ay-koh-noh-mee-zay lay-nair-zhee.
- Enable autonomous mode to save energy.

Très bien, je vérifie les paramètres maintenant.
- tray bee-en, juh vay-ree-fee lay pah-rah-meh-truh man-tuh-

nahn.
- Very well, I'll check the settings now.

La télémétrie montre une pollution élevée.
- la tay-lay-may-tree mohnt ewn poh-lu-syon el-vay.
- Telemetry shows high pollution.

Quel capteur environnemental signale cela?
- kel kap-tur ahn-vee-rohn-mon-tal seen-yal suh-la?
- Which environmental sensor reports this?

Le capteur près de l'usine, besoin d'un étalonnage.
- luh kap-tur pray duh lew-zeen, buh-zwan dun ay-tah-loh-nahj.
- The sensor near the factory, it needs recalibration.

ROBOTIC PROCESS AUTOMATION (RPA)

Vocabulary
Automatisation - oh-toh-mah-tee-zah-syon - Automation
Robotisation - roh-boh-tee-zah-syon - Robotization
Processus - proh-seh-sus - Process
Flux de travail - flew duh trah-vai - Workflow
Scénario - say-nah-ree-oh - Scenario
Déclencheur - day-klahn-shur - Trigger
Surveillance - sur-vay-ahns - Monitoring
Optimisation - op-tee-mee-zah-syon - Optimization
Intégration - ahn-tay-grah-syon - Integration
Correctif - koh-rek-teef - Patch/Fix
Données - doh-nay - Data
Base de données - bahz duh doh-nay - Database
Tâche - tahsh - Task
Interface utilisateur - ahn-ter-fahs u-ti-lee-zah-tur - User
Interface
Échec - ay-shek - Failure
Audit - oh-dee - Audit
Déploiement - day-plwah-mon - Deployment
Exécution - eg-zek-syon - Execution
Exception - ek-sep-syon - Exception
Maintenance - mahn-teh-nahns - Maintenance

Example Sentences
Le robot traite les données rapidement.
- luh roh-boh trayt lay doh-nay rah-peed-mon -
The robot processes data quickly.

L'automatisation réduit les erreurs.
- loh-toh-mah-tee-zah-syon ray-dwee layz eh-rur -
Automation reduces errors.

Nous surveillons le flux de travail.
- noo sur-vay-on luh flew duh trah-vai -
We monitor the workflow.

Le déploiement du RPA est réussi.
- luh day-plwah-mon dew air-pay-ah ay ray-u-see -
The RPA deployment is successful.

Conversations
Comment déboguer ce scénario RPA ?
- koh-mon day-boh-gay suh say-nah-ree-oh air-pay-ah -
How to debug this RPA scenario?

Utilisez les journaux d'exécution.
- u-tee-lee-zay lay zhoor-noh deg-zek-syon -
Use the execution logs.

Je vais vérifier les exceptions.
- zhuh vay vay-ree-fee-ay lez ek-sep-syon -
I will check the exceptions.

L'audit RPA est prévu quand ?
- loh-dee air-pay-ah ay pray-voo kon -
When is the RPA audit scheduled?

La semaine prochaine.
- lah suh-men proh-shen -
Next week.

Préparez les rapports d'optimisation.
- pray-pah-ray lay rah-por dop-tee-mee-zah-syon -
Prepare the optimization reports.

La maintenance prend combien de temps ?
- lah mahn-teh-nahns pron kohm-byen duh ton -

How long does maintenance take?

Environ deux heures.
- on-vee-ron duz ur -
Around two hours.

Planifiez-la pendant la nuit.
- plah-nee-fee-ay lah pon-don lah nwee -
Schedule it overnight.

HIGH-PERFORMANCE COMPUTING (HPC)

Vocabulary

Calcul haute performance - kal-kyool ot per-for-monce - High-performance computing

Nœud de calcul - noo duh kal-kyool - Compute node

Parallélisation - pah-rah-lay-lee-zah-syon - Parallelization

Supercalculateur - soo-pair-kal-kyoo-lah-tur - Supercomputer

Réseau d'interconnexion - ray-zo dee-an-tair-kon-nek-syon - Interconnect network

Latence - lah-tonce - Latency

Débit - day-bee - Throughput

Ordonnanceur - or-don-on-sur - Scheduler

Système de fichiers parallèle - see-stem duh fee-shay pah-rah-lel - Parallel file system

Équilibrage de charge - ay-kee-lee-brahzh duh shahrzh - Load balancing

Scalabilité - skah-lah-bee-lee-tay - Scalability

Coeur de processeur - kur duh pro-ses-sur - Processor core

Mémoire vive - may-mwar veev - RAM (Random Access Memory)

Stockage en grappe - stoh-kahzh on grahp - Cluster storage

Benchmark - bench-mark - Benchmark

Calcul intensif - kal-kyool an-teh-seef - Compute-intensive

Temps d'exécution - ton dek-seh-kyoo-syon - Runtime

Consommation énergétique - kon-som-mah-syon ay-nair-zhee-teek - Power consumption

Architecture - ar-shee-tek-toor - Architecture

Simulation numérique - see-moo-lah-syon noo-may-reek -

Numerical simulation

Example Sentences
Le cluster exécute des simulations complexes.
Luh kloo-stair eg-zek-oot day see-moo-lah-syon kon-pleks.
The cluster runs complex simulations.

La latence du réseau affecte les performances.
Lah lah-tons doo ray-zo ah-fekt lay pair-for-mons.
Network latency affects performance.

Nous optimisons le code pour réduire le temps d'exécution.
Noo op-tee-mee-zon luh kohd poor ray-doo-eer luh ton dek-seh-kyoo-syon.
We are optimizing the code to reduce runtime.

L'ordonnanceur alloue les ressources aux travaux.
Lor-don-on-sur ah-loo lay ruh-soors oh trah-voh.
The scheduler allocates resources to jobs.

Conversations
Le supercalculateur est saturé aujourd'hui.
Luh soo-pair-kal-kyoo-lah-tur ay sah-too-ray oh-zhoor-dwee.
The supercomputer is saturated today.

Combien de temps d'attente pour mon job ?
Kom-byun duh ton dah-tont poor mon job?
What's the wait time for my job?

Environ six heures selon l'ordonnanceur.
On-vee-ron see zur suh-lon lor-don-on-sur.
About six hours according to the scheduler.

La simulation nécessite plus de mémoire vive.
Lah see-moo-lah-syon nay-say-seet ploo duh may-mwar veev.
The simulation requires more RAM.

Ajoute deux nœuds de calcul supplémentaires.

Ah-zhoo duh noo duh kal-kyool soo-play-mon-tair.
Add two additional compute nodes.

Cela devrait résoudre le problème d'équilibrage.
Suh-lah duh-vray ray-soodr luh pro-blem day-kee-lee-brahzh.
That should solve the load balancing issue.

Le débit du stockage parallèle est trop faible.
Luh day-bee doo stoh-kahzh pah-rah-lel ay tro faybl.
The parallel file system throughput is too low.

Vérifie la configuration du réseau d'interconnexion.
Vay-reef lah kon-fee-goo-rah-syon doo ray-zo dee-an-tair-kon-nek-syon.
Check the interconnect network configuration.

Une mise à niveau du matériel est probablement nécessaire.
Oon mee-zah no-vo doo mah-tay-ree-el ay pro-bah-bluh-mon nay-say-sair.
A hardware upgrade is likely necessary.

NEUROMORPHIC COMPUTING

Vocabulary

Neurone - neuh-ron - Neuron
Synapse - see-naps - Synapse
Émuler - ay-moo-lay - To emulate
Impulsion - ahm-pool-syon - Spike/Impulse
Plastique - plas-teek - Plastic (as in synaptic plasticity)
Encodage - ahn-koh-daj - Encoding
Temps réel - tahm ray-el - Real-time
Faible puissance - fehbl pwee-sahns - Low power
Circuit analogique - seer-kwee a-nah-loh-jeek - Analog circuit
Architecture asynchrone - ar-shee-tek-toor a-sahn-krohn - Asynchronous architecture
Apprentissage non supervisé - a-prahn-tee-saj nohn soo-pehr-vee-zay - Unsupervised learning
Événement - ay-vay-nuh-mahn - Event
Cœur neuromorphique - kuhr noo-roh-mor-feek - Neuromorphic core
Capteur - kap-tuhr - Sensor
Latence - lah-tahns - Latency
Résilience aux pannes - ray-zee-lee-ahns oh pan - Fault tolerance
Parallélisme massif - pah-rah-lay-lees-muh mah-seef - Massive parallelism
Mémristor - mem-rees-tor - Memristor
Modèle bio-inspiré - moh-del bee-oh-ahn-spee-ray - Bio-inspired model
Coprocesseur - koh-proh-seh-suhr - Coprocessor

Example Sentences

Les puces neuromorphiques émulent le cerveau.
Lay pewsh noo-roh-mor-feek ay-moo-lay luh sehr-voh.
Neuromorphic chips emulate the brain.

L'encodage par impulsions est efficace.
Lahn-koh-daj pahr ahm-pool-syon ay tay feh-kass.
Spike encoding is efficient.

Elles consomment très faible puissance.
El kohn-som trah fehbl pwee-sahns.
They consume very low power.

La plasticité permet l'apprentissage.
Lah plas-tee-see-tay pehr-may lah-prahn-tee-saj.
Plasticity enables learning.

Conversations

Les capteurs neuromorphiques détectent les changements rapidement.
Lay kap-tuhr noo-roh-mor-feek day-tekt lay shahnj-mahn rah-peed-mahn.
Neuromorphic sensors detect changes quickly.

Oui, leur latence est extrêmement basse.
Wee, luhr lah-tahns ay ek-stray-mahn bas.
Yes, their latency is extremely low.

C'est idéal pour les applications en temps réel.
Say ee-day-al poor layz ah-plee-kah-syon ahn tahm ray-el.
It's ideal for real-time applications.

Notre modèle utilise un apprentissage non supervisé.
Noh-truh moh-del ew-tee-zew ahn a-prahn-tee-saj nohn soo-pehr-vee-zay.
Our model uses unsupervised learning.

Intéressant! Comment gère-t-il la plasticité synaptique?
Ahn-tay-ray-sahn! Koh-mahn zhair teel lah plas-tee-see-tay see-nap-teek?
Interesting! How does it handle synaptic plasticity?

Avec des mémristors pour adapter les poids dynamiquement.
Ah-vek day mem-rees-tor poor ah-dap-tay lay pwah dee-nah-meek-mahn.
With memristors to adapt the weights dynamically.

Les circuits analogiques sont-ils fiables?
Lay seer-kwee a-nah-loh-jeek sohn-teel fee-ahbl?
Are analog circuits reliable?

Ils offrent une grande résilience aux pannes.
Eel zoh-frew ewn grahnd ray-zee-lee-ahns oh pan.
They offer great fault tolerance.

Parfait pour les environnements difficiles alors.
Par-fay poor layz ahn-vee-rohn-mahn dee-fee-seel ah-lor.
Perfect for harsh environments then.

GEOGRAPHIC INFORMATION SYSTEMS (GIS)

Vocabulary

Géomatique - zhe-o-ma-teek - geomatics

Topographie - to-po-gra-fee - topography

Coordonnée - ko-or-don-nay - coordinate

Référentiel - re-fe-ren-syel - reference system

Mise à jour - meez a zhoor - update

Géodésie - zhe-o-de-zee - geodesy

Cadastre - ka-das-tre - cadastre

Orthophotographie - or-to-fo-to-gra-fee - orthophotography

Modèle numérique de terrain - mo-del nu-me-reek de te-ran - digital elevation model

Altitude - al-tee-tood - altitude

Capteur - kap-ter - sensor

Satellite - sa-te-leet - satellite

Ligne - leen - line

Polygone - po-lee-gon - polygon

Attribut - a-tree-bu - attribute

Requête spatiale - re-ket spa-syal - spatial query

Serveur cartographique - ser-ver kar-to-gra-feek - map server

Application mobile - a-plee-ka-syon mo-beel - mobile application

Interface - an-ter-fas - interface

Géotraitement - zhe-o-tret-mon - geoprocessing

Example Sentences
La cartographie est essentielle pour l'aménagement urbain.
La kar-to-gra-fee eh es-sen-syel poor la-may-nazh-mon ur-ban.
Mapping is essential for urban planning.

Nous analysons les données raster avec ce logiciel.
Noo za-na-lee-zon lay do-nay ras-ter a-vek se lo-zhee-syel.
We analyze raster data with this software.

Le géoréférencement corrige la distorsion de l'image.
Le zhe-o-re-fe-ronc-mon ko-reezh la dis-tor-syon de lee-mazh.
Georeferencing corrects image distortion.

La couche vecteur montre les routes principales.
La koosh vek-ter mont lay root pren-see-pal.
The vector layer shows the main roads.

Conversations
Quel référentiel utilises-tu pour ce projet ?
Kel re-fe-ren-syel u-tee-lee tu poor se pro-zhe ?
Which reference system are you using for this project?

J'utilise le système WGS 84.
Zhu-tee-leez le sis-tem Vay-Zhay-Er katr-van-katr.
I'm using the WGS 84 system.

C'est idéal pour la précision mondiale.
Seh ee-day-al poor la pray-see-zyon mon-dyal.
It's ideal for global accuracy.

L'application mobile affiche-t-elle les parcelles cadastrales ?
La-plee-ka-syon mo-beel a-feesh tel lay par-sel ka-das-tral ?
Does the mobile app display cadastral parcels?

Oui, avec les attributs de propriété.
Wee, a-vek lay za-tree-bu de pro-pree-eh-tay.
Yes, with property attributes.

Parfait, vérifions la mise à jour.

Par-feh, vay-ree-fee-on la meez a zhoor.
Perfect, let's check the update.

La requête spatiale a-t-elle identifié des zones inondables ?
La re-ket spa-syal a tel ee-don-tee-fee-yay day zon ee-non-dabl ?
Did the spatial query identify flood-prone zones?

Oui, via l'analyse du modèle numérique de terrain.
Wee, vee-a la-na-leez du mo-del nu-me-reek de te-ran.
Yes, through digital elevation model analysis.

Exportons les polygones en couche SIG.
Ex-por-ton lay po-lee-gon on koosh es-ee-zhay.
Let's export the polygons as a GIS layer.

FINTECH & ALGORITHMIC TRADING

Vocabulary

Portefeuille - por-tuh-feu-y - Wallet/Portfolio
Blockchain - blok-chayn - Blockchain
Jeton - zhuh-ton - Token
Portefeuille numérique - por-tuh-feu-y noo-may-reek - Digital wallet
Monnaie virtuelle - mon-ay veer-too-el - Virtual currency
Contrat intelligent - kon-tra ahn-tel-lee-zhan - Smart contract
Place de marché - plas duh mar-shay - Marketplace/Exchange
Ordre - or-druh - Order
Exécution - eg-zay-koo-syon - Execution
Latence - lah-tahns - Latency
Stratégie - stra-tay-zhee - Strategy
Algorithme - al-go-ree-tm - Algorithm
Backtest - bak-test - Backtest
Slippage - sleep-azh - Slippage
Cotation - ko-ta-syon - Quotation
Liquidité - lee-kee-dee-tay - Liquidity
Marché baissier - mar-shay bay-syay - Bear market
Marché haussier - mar-shay oh-syay - Bull market
Risque de contrepartie - reesk duh kon-truh-par-tee - Counterparty risk
Réglementation - ray-gluh-mahn-ta-syon - Regulation

Example Sentences
La blockchain sécurise les transactions.
lah blok-chayn say-koo-reez lay trahn-zak-syon.
The blockchain secures transactions.

L'algorithme exécute les ordres rapidement.
lah-lgo-ree-tm eg-zay-koot lay zor-druh rah-peed-mahn.
The algorithm executes orders quickly.

Nous surveillons la liquidité du marché.
noo soor-vay-yohn lah lee-kee-dee-tay doo mar-shay.
We monitor market liquidity.

Le slippage peut réduire les profits.
luh sleep-azh puh ray-doo-eer lay pro-fee.
Slippage can reduce profits.

Conversations
Développeur: J'ai optimisé l'algorithme de trading.
zhay op-tee-mee-zay lah-lgo-ree-tm duh trah-deeng.
Trader: Super ! La latence est réduite maintenant ?
soo-pair ! lah lah-tahns ay ray-dweet mahn-tuh-nahn ?
Gestionnaire: Oui, l'exécution est beaucoup plus rapide.
wee, leg-zay-koo-syon ay bo-koo ploo rah-peed.
(Developer: I optimized the trading algorithm. / Trader: Great!
Is the latency reduced now? / Manager: Yes, execution is much
faster.)

Analyste: Le backtest montre un bon rendement.
luh bak-test mon-tr uh(n) boh(n) rahn-duh-mahn.
Manager: Mais vérifiez le risque de contrepartie.
may vay-ree-fyay luh reesk duh kon-truh-par-tee.
Analyste: Absolument, la réglementation est stricte.
ab-so-loo-mahn, lah ray-gluh-mahn-ta-syon ay strekt.
(Analyst: The backtest shows good performance. / Manager:
But verify the counterparty risk. / Analyst: Absolutely, the
regulation is strict.)

Investisseur: Le marché est très volatil aujourd'hui.
luh mar-shay ay tray vo-la-teel oh-zhoor-dwee.
Conseiller: Votre portefeuille numérique est diversifié ?
vo-truh por-tuh-feu-y noo-may-reek ay dee-vair-see-fee-yay ?
Investisseur: Oui, avec plusieurs jetons et contrats intelligents.
wee, ah-vek ploo-zyeur zhuh-ton ay kon-tra ahn-tel-lee-zhan.
(Investor: The market is very volatile today. / Advisor: Is your
digital wallet diversified? / Investor: Yes, with several tokens and
smart contracts.)

HEALTHTECH (MEDICAL IMAGING, EHR SYSTEMS)

Vocabulary

Imagerie médicale - ee-mah-zhuh-ree meh-dee-kahl - Medical imaging

Radiographie - rah-dee-oh-grah-fee - Radiography

Tomodensitométrie - toh-moh-dahn-see-toh-may-tree - CT scan

Échographie - ay-koh-grah-fee - Ultrasound

IRM - ee-air-em - MRI

PACS - paks - PACS (Picture Archiving System)

DICOM - dee-kom - DICOM (Imaging Standard)

Dossier médical électronique - doh-see-ay meh-dee-kahl ay-lek-troh-neek - EHR (Electronic Health Record)

Interopérabilité - an-tehr-oh-peh-rah-bee-lee-tay - Interoperability

Télémédecine - tay-lay-may-deh-seen - Telemedicine

Radiologue - rah-dee-oh-lohg - Radiologist

Clinicien - klee-nee-syen - Clinician

Résultats - ray-zool-tah - Results

Diagnostic - dee-ag-noh-steek - Diagnosis

Ordonnance - or-doh-nahns - Prescription

Archivage - ar-shee-vazh - Archiving

Sécurité des données - say-kew-ree-tay day doh-nay - Data security

Dépistage - day-pees-tazh - Screening

Système d'information - sis-tem dan-for-ma-syon - Information

system
Traçabilité - trah-sah-bee-lee-tay - Traceability

Example Sentences
Le radiologue analyse l'IRM.
luh rah-dee-oh-lohg ah-nah-leez leer-em
The radiologist analyzes the MRI.

Le dossier électronique nécessite une mise à jour.
luh doh-see-ay ay-lek-troh-neek nay-seh-seet ewn mee-zah-zhoor
The EHR requires an update.

Les images DICOM sont stockées dans le PACS.
lay zee-mahzh dee-kom sohn stoh-kay dahn luh paks
DICOM images are stored in the PACS.

La télémédecine améliore l'accès aux soins.
lah tay-lay-may-deh-seen ah-may-lyor lak-say oh swahn
Telemedicine improves access to care.

Conversations
Le clinicien demande les résultats.
luh klee-nee-syen duh-mand lay ray-zool-tah
The clinician requests the results.

Le système affiche l'historique du patient.
luh sis-tem ah-feesh lees-tor-eek dew pah-syahn
The system displays the patient's history.

La traçabilité est assurée par l'EHR.
lah trah-sah-bee-lee-tay eh ah-sir-ay par ler-em-aitch-air
Traceability is ensured by the EHR.

Le PACS ne fonctionne pas.
luh paks nuh fohnk-see-ohn pah
The PACS isn't working.

Vérifiez la connexion au serveur DICOM.
vay-ree-fee-ay lah koh-nek-syohn oh sair-ver dee-kom

Check the connection to the DICOM server.

L'archivage des images est critique.
lar-shee-vazh day zee-mahzh eh kree-teek
Image archiving is critical.

La sécurité des données est prioritaire.
lah say-kew-ree-tay day doh-nay eh pree-oh-ree-tair
Data security is a priority.

L'interopérabilité entre systèmes manque.
lan-tehr-oh-peh-rah-bee-lee-tay ahn-truh sis-tem mahnk
Interoperability between systems is lacking.

Le dépistage nécessite une imagerie précise.
luh day-pees-tazh nay-seh-seet ewn ee-mah-zhuh-ree pray-seez
Screening requires precise imaging.

EDTECH (LEARNING MANAGEMENT SYSTEMS)

Vocabulary

Apprentissage en ligne - a-pren-ti-saaj on-leen - Online learning

Système de gestion de l'apprentissage - sis-tem duh zhes-tyon duh la-pren-ti-saaj - Learning Management System

Plateforme - plat-form - Platform

Formation - for-ma-syon - Training

Module - mo-dyul - Module

Contenu - kon-tuh-nu - Content

Évaluation - ay-va-lu-a-syon - Assessment

Quiz - kwiz - Quiz

Forum - fo-rum - Forum

Discussion en ligne - dee-skew-syon on-leen - Online discussion

Progression - pro-greh-syon - Progress

Rapport - ra-por - Report

Inscription - an-skrip-syon - Enrollment

Enseignant - on-sen-yon - Teacher

Étudiant - ay-tew-dyon - Student

Administrateur - ad-min-ee-stra-tur - Administrator

Interface utilisateur - an-ter-fas ew-tee-lee-za-tur - User interface

Navigation - na-vee-ga-syon - Navigation

Certificat - ser-tee-fee-ka - Certificate

Badge - bazh - Badge

Example Sentences
Les étudiants complètent les modules sur la plateforme.
Lay zay-tew-dyon kom-plet lay mo-dyul sewr la plat-form.
Students complete the modules on the platform.

L'administrateur génère un rapport de progression.
Lad-min-ee-stra-tur zhen-air un ra-por duh pro-greh-syon.
The administrator generates a progress report.

L'enseignant crée un quiz pour l'évaluation.
Lon-sen-yon kray un kwiz poor lay-va-lu-a-syon.
The teacher creates a quiz for the assessment.

La discussion en ligne est active dans le forum.
La dee-skew-syon on-leen et ak-teev don luh fo-rum.
The online discussion is active in the forum.

Conversations
A: L'inscription à la formation est-elle terminée ?
   Lin-skrip-syon a la for-ma-syon et-el ter-mee-nay ?
   Is enrollment for the training finished?

B: Non, il reste trois jours pour s'inscrire.
   Non, eel rest trwa zhoor poor san-skrer.
   No, there are three days left to enroll.

C: Envoyez un rappel aux étudiants aujourd'hui.
   On-vwa-yay un ra-pel oh zay-tew-dyon oh-zhoor-dwee.
   Send a reminder to the students today.

A: Comment accéder au contenu du module ?
   Kom-on ak-say-day oh kon-tuh-nu dew mo-dyul ?
   How do I access the module content?

B: Utilisez l'interface utilisateur pour la navigation.
   Ew-tee-lee-zay lan-ter-fas ew-tee-lee-za-tur poor la na-vee-ga-syon.
   Use the user interface for navigation.

C: Le badge s'affiche après complétion.
Luh bazh sa-feesh a-pray kom-play-syon.
The badge displays after completion.

A: La progression des étudiants est-elle visible ?
La pro-greh-syon day zay-tew-dyon et-el vee-zee-bluh ?
Is the students' progress visible?

B: Oui, consultez le rapport dans le système.
Wee, kon-sul-tay luh ra-por don luh sis-tem.
Yes, check the report in the system.

C: J'ajouterai une évaluation supplémentaire.
Zha-zhoo-tray ewn ay-va-lu-a-syon sew-play-mon-tair.
I will add an additional assessment.

RETAIL & E-COMMERCE TECH

Vocabulary

Inventaire - ahn-ven-tair - Inventory

Paiement en ligne - pay-mon ahn leen - Online payment

Livraison - lee-vray-zohn - Delivery

Stock - stok - Stock/Inventory

Caisse - kess - Checkout/Cash register

Réduction - ray-dook-syohn - Discount

Promotion - pro-mo-syohn - Sale/Promotion

Clientèle - klee-ahn-tell - Clientele

Boutique en ligne - boo-teek ahn leen - Online store

Commande - ko-mahnd - Order

Retour - ruh-toor - Return

Tarification - ta-ree-fee-ka-syohn - Pricing

Entrepôt - ahn-truh-po - Warehouse

Vitrine - vee-treen - Display window

Vendeur - vahn-duhr - Salesperson

Avis - ah-vee - Review

Solde - sold - Clearance sale

Portefeuille électronique - por-tuh-fuhy ay-lek-tro-neek - Digital wallet

Point de vente - pwah duh vahnt - Point of sale

Chariot - sha-ree-o - Shopping cart

Example Sentences

L'inventaire est mis à jour automatiquement.

Lahn-ven-tair ay mee zah-joor o-to-ma-teek-mon.

The inventory updates automatically.

La promotion booste les ventes en ligne.
La pro-mo-syohn boost lay vahnt ahn leen.
The sale boosts online sales.

Les retours gratuits augmentent la satisfaction.
Lay ruh-toor gra-twee ohg-mont la sa-tees-fak-syohn.
Free returns increase satisfaction.

Le paiement par portefeuille électronique est sécurisé.
Luh pay-mon par por-tuh-fuhy ay-lek-tro-neek ay say-koor-ee-zay.
Digital wallet payment is secure.

Conversations
La tarification dynamique optimise les bénéfices.
Ta-ree-fee-ka-syohn dee-na-meek op-tee-meez lay bay-nay-fees.
Dynamic pricing optimizes profits.

Oui, surtout pour les soldes saisonniers.
Wee, soor-too poor lay sold say-zo-nee-ay.
Yes, especially for seasonal clearance sales.

Exactement, ça réduit le stock excédentaire.
Eg-zakt-mon, sa ray-dwee luh stok ek-say-dahn-tair.
Exactly, it reduces excess stock.

Le point de vente a besoin d'une mise à jour logicielle.
Luh pwah duh vahnt ah buh-zwan doon mee-zah-joor lo-zhee-syel.
The point of sale needs a software update.

Les caisses modernisent l'expérience client.
Lay kess mo-der-nee-zay lek-spair-ee-ahns klee-ahn.
Modern checkouts improve customer experience.

Priorisez cela avant la haute saison.
Pree-o-ree-zay suh-la ah-vahn la oht say-zohn.
Prioritize that before peak season.

Les avis négatifs affectent le taux de conversion.
Lay-zah-vee nay-ga-teef ah-fekt luh tah duh kon-ver-syohn.
Negative reviews hurt the conversion rate.

Analysez les données de la clientèle en ligne.
Ah-na-lee-zay lay doh-nay duh la klee-ahn-tell ahn leen.
Analyze the online clientele data.

Notre équipe améliore déjà le service vendeur.
Notr ay-keep ah-may-ree-or day-zha luh sair-vees vahn-duhr.
Our team is already improving salesperson service.

SPACE TECHNOLOGY (SATELLITE SYSTEMS)

Vocabulary
Satellite - sa-tel-leet - Satellite
Orbite - or-beet - Orbit
Lanceur - lahn-sur - Launch vehicle
Télémétrie - tay-lay-may-tree - Telemetry
Propulsion - pro-pul-syon - Propulsion
Altitude - al-tee-tood - Altitude
Charge utile - shahrj oo-teel - Payload
Contrôle au sol - kon-trol oh sol - Ground control
Débris spatial - day-bree spas-yal - Space debris
Mise en orbite - meez ahn or-beet - Orbital insertion
Panneau solaire - pan-oh so-lair - Solar panel
Télécommande - tay-lay-kom-and - Remote command
Géostationnaire - zhay-oh-sta-syo-nair - Geostationary
Surveillance - sur-vay-lans - Surveillance
Constellation - kon-stel-la-syon - Constellation
Trajectoire - tra-zhik-twar - Trajectory
Récepteur - ray-sep-tur - Receiver
Transmission - trans-mees-syon - Transmission
Antenne parabolique - an-ten pa-ra-bo-leek - Parabolic antenna
Orbite basse - or-beet bas - Low Earth orbit

Example Sentences
Le satellite transmet des données météo.
luh sa-tel-leet trahn-smay day doh-nay may-tay-oh
The satellite transmits weather data.

Les panneaux solaires alimentent le système.
lay pan-oh so-lair ah-lee-mont luh sees-tem
The solar panels power the system.

La trajectoire est calculée par le contrôle au sol.
la tra-zhik-twar eh kal-koo-lay par luh kon-trol oh sol
The trajectory is calculated by ground control.

Les débris spatiaux menacent l'orbite basse.
lay day-bree spas-yal muh-nas lor-beet bas
Space debris threatens low Earth orbit.

Conversations
La télémétrie indique un problème de propulsion.
la tay-lay-may-tree an-deek un pro-blem duh pro-pul-syon
Telemetry indicates a propulsion issue.

Vérifiez la charge utile immédiatement.
vay-ree-fee-ay la shahrj oo-teel eem-may-dyat-mon
Check the payload immediately.

J'active la télécommande de secours.
zhak-teev la tay-lay-kom-and duh suh-koor
I'm activating the backup remote command.

L'antenne parabolique perd le signal.
lan-ten pa-ra-bo-leek per luh seen-yal
The parabolic antenna is losing the signal.

Utilisez le récepteur de la constellation.
oo-tee-lee-zay luh ray-sep-tur duh la kon-stel-la-syon
Use the constellation's receiver.

La transmission est rétablie maintenant.
la trans-mees-syon eh ray-ta-blee man-tuh-non
Transmission is restored now.

La mise en orbite géostationnaire a réussi.
la meez ahn or-beet zhay-oh-sta-syo-nair ah ray-oo-see
The geostationary orbital insertion succeeded.

Surveillance des collisions activée.
sur-vay-lans day ko-lee-zyon ak-tee-vay
Collision surveillance activated.

Altitude stabilisée à 36 000 kilomètres.
al-tee-tood sta-bee-lee-zay ah tront-seez mee-lee-met
Altitude stabilized at 36,000 kilometers.

AUDIO PROCESSING & SPEECH RECOGNITION

Vocabulary

Traitement du signal - tray-toh-mon doo see-nyal - Signal processing

Reconnaissance vocale - ruh-koh-neh-sahns voh-kal - Speech recognition

Échantillon - ay-shahn-tee-yon - Sample

Fréquence - fray-kahns - Frequency

Bande passante - bahnd pah-sahnt - Bandwidth

Bruit de fond - brwee duh fon - Background noise

Atténuation - ah-tay-nyah-syon - Attenuation

Filtre - feel-tr - Filter

Modèle acoustique - moh-del ah-koos-teek - Acoustic model

Modèle de langage - moh-del duh lahn-gazh - Language model

Précision - pray-see-zyon - Accuracy

Débit - day-bee - Bitrate

Encodage - on-koh-dazh - Encoding

Décodage - day-koh-dazh - Decoding

Segmentation - sehg-mon-tah-syon - Segmentation

Transcription - trahn-skreep-syon - Transcription

Vocabulaire - voh-kah-byoo-lair - Vocabulary

Taux d'erreur - toh day-rur - Error rate

Microphone - mee-kroh-fohn - Microphone

Haut-parleur - oh-par-lur - Loudspeaker

Example Sentences

L'algorithme réduit le bruit de fond efficacement.
lal-go-reetm ruh-dwee luh brwee duh fon ay-fee-kahss-mon
The algorithm reduces background noise effectively.

La précision dépend du modèle de langage.
lah pray-see-zyon day-pon dew moh-del duh lahn-gazh
Accuracy depends on the language model.

Nous encodons l'audio en MP3.
noo zon-koh-don loh-dee-oh on em-pay-twah
We are encoding the audio to MP3.

Le débit doit être suffisant pour la parole.
luh day-bee dwa et-ruh soo-fee-zahn poor lah pah-rol
The bitrate must be sufficient for speech.

Conversations

A: Le taux d'erreur est trop élevé sur ces enregistrements.
luh toh day-rur ay troh ay-luh-vay sewr seyz on-reh-jeess-mon
A: The error rate is too high on these recordings.

B: Vérifiez la qualité du microphone d'abord.
vay-ree-fee-yay lah kah-lee-tay dew mee-kroh-fohn dah-bor
B: Check the microphone quality first.

C: Oui, et appliquez un filtre passe-haut ensuite.
wee ay ah-plee-kay un feel-tr pahs-oh on-sweet
C: Yes, and apply a high-pass filter next.

A: Comment améliorons-nous la reconnaissance des accents ?
koh-mon ah-may-lye-roh-noo lah ruh-koh-neh-sahns dayz ahk-son
A: How do we improve recognition of accents?

B: Il faut enrichir le vocabulaire du modèle.

eel foh on-ree-sheer luh voh-kah-byoo-lair dew moh-del
B: We need to enrich the model's vocabulary.

A: Et augmenter la diversité des échantillons d'entraînement.
ay ohg-mon-tay lah dee-vair-see-tay dayz ay-shahn-tee-yon
don-tray-nuh-mon
A: And increase the diversity of training samples.

A: La transcription automatique est-elle prête pour la réunion ?
lah trahn-skreep-syon oh-toh-mah-teek et-el pret poor lah ray-
oon-yon
A: Is the automatic transcription ready for the meeting?

B: Presque. Je finalise la segmentation des locuteurs.
presk. zhuh fee-nah-leez lah sehg-mon-tah-syon day loh-kew-
tur
B: Almost. I'm finalizing speaker segmentation.

A: Parfait. Assurez-vous qu'il n'y a pas de délai.
par-fay. ah-syoo-ray voo keel nya pah duh day-lay
A: Perfect. Ensure there is no delay.

ETHICAL AI & BIAS MITIGATION

Vocabulary
Éthique - ay-teek - Ethics
Biais - bee-ay - Bias
Atténuation - ah-tay-nyoo-ah-syon - Mitigation
Équité - ay-kee-tay - Fairness
Transparence - trahn-spah-rahns - Transparency
Reddition de comptes - re-dik-syon duh kohnt - Accountability
Discrimination - dee-skree-mee-nah-syon - Discrimination
Préjugé - pray-zhoo-zhay - Prejudice
Inclusion - an-kloo-zyon - Inclusion
Diversité - dee-ver-see-tay - Diversity
Algorithmique - al-gor-eet-meek - Algorithmic
Validation - vah-lee-dah-syon - Validation
Audit - oh-deet - Audit
Impartialité - am-par-see-ah-lee-tay - Impartiality
Surveillance - sur-vay-lahns - Monitoring
Données - doh-nay - Data
Modèle - moh-del - Model
Justice - zhoos-tees - Justice
Responsabilité - res-pon-sah-bee-lee-tay - Responsibility
Impact - am-pahkt - Impact

Example Sentences
L'équité est essentielle dans l'IA.
Lay-kee-tay eh es-ahn-see-el dahn l'ee-ah.
Fairness is essential in AI.

Nous devons atténuer les biais algorithmiques.
Noo duh-vohn ah-tay-nyoo-ay lay bee-ay al-gor-eet-meek.
We must mitigate algorithmic biases.

La transparence favorise la confiance.
Lah trahn-spah-rahns fah-vo-reez lah kohn-fee-ahns.
Transparency promotes trust.

L'inclusion des données diverses est importante.
Lan-kloo-zyon day doh-nay dee-verss eh am-por-tahnt.
Inclusion of diverse data is important.

Conversations
A: Comment assurer l'impartialité de l'IA ?
Koh-mahn ah-soo-ray lam-par-see-ah-lee-tay duh l'ee-ah ?
How to ensure AI impartiality?

B: Par des audits réguliers et une diversité des données.
Par day oh-deet ray-goo-lee-ay ay oon dee-ver-see-tay day doh-nay.
Through regular audits and data diversity.

C: Exactement, cela réduit les discriminations.
Eg-zak-tuh-mahn, suh-lah ray-dwee lay dee-skree-mee-nah-syon.
Exactly, that reduces discriminations.

A: Pourquoi la surveillance continue est-elle cruciale ?
Poor-kwah lah sur-vay-lahns kohn-teen-oo eh-tel kroo-see-al ?
Why is continuous monitoring crucial?

B: Pour détecter les biais émergents rapidement.
Poor day-tek-tay lay bee-ay ay-mer-zhahn rah-peed-mahn.
To detect emerging biases quickly.

C: Et maintenir la responsabilité des systèmes.
Ay man-tuh-neer lah res-pon-sah-bee-lee-tay day seest-ehm.
And to maintain system accountability.

A: Comment promouvoir la justice dans les algorithmes ?
Koh-mahn pro-moo-war lah zhoos-tees dahn lay zal-gor-eetm ?
How to promote justice in algorithms?

B: En validant les modèles avec des critères d'équité.
On vah-lee-dahn lay moh-del ah-vek day kree-tehr day-kee-tay.
By validating models with fairness criteria.

C: L'impact social doit être positif.
Lam-pahkt soh-see-al dwah ehtr poh-zee-teef.
The social impact must be positive.